西方数学文化译丛

丛书主编 汪宇

（第二版）

Mathematics and the Search for Knowledge

Mathematics and the Search for Knowledge

数学与知识的探求

[美] M·克莱因 著

刘志勇 译

复旦大學出版社

（这些）科学发现主要地－在某些领域中是完全地－依赖于数学。

内 容 提 要

本书以一个数学家的睿智，探讨了自古希腊以来，尤其是自伽利略以来，数学在现代自然科学发展演化中的作用。

首章利用现代心理学生理学的错觉实验说明感官知觉之不可靠。其实，古希腊人已领悟了这一点，因而求助于数学来研究自然现象成了古希腊的传统，这也是古希腊天文学兴起的原因（第2、3章）。无论是托勒密的地心说还是哥白尼、开普勒的日心说，追求数学上的简单和完美成了探求自然知识的动力（第4章）。笛卡儿为科学建立了基于数学的严密方法论，而现代科学之父伽利略的科学研究纲领的前提则是：自然之书是用数学这门语言撰写的（第5章）。本身就是伟大的数学家的牛顿，其科学巨著就冠以《自然哲学的数学原理》（第6章）。麦克斯韦方程组能揭示人的感官所不能及的电磁世界，充分显示了数学的穿透力（第7章）。20世纪的两项重大科学发现——相对论和量子论——其基本物理思想和数学工具之间有着奇妙的对应（第8~10章）。这就引发了这样的问题，数学知识本身又从何而来？数学与物理实在的关系是什么（第11、12章）？

书中没有铺陈数学知识，数学只是像一位垂帘听政的皇后般若隐若现。因此，想了解古今自然观或科学方法论的人文社会科学研习者可以从中受到启发，而自然科学研习者读此书则可以引发对于其专业领域的反思。而这正是作者孜孜以求的：在自然科学和人文社会科学之间搭起一座桥梁。

前　言

我们如何获取关于外部世界的知识？人人都不得不依赖于自己的感官知觉——听觉、视觉、触觉、味觉和嗅觉——来开展日常事务并享受某些快感。这些知觉向我们显露关于外部世界的很多信息，然而总的来说是粗糙的。如笛卡尔所言，感官知觉乃感官迷惑，此言也许过重了。现代仪器如望远镜确实大大扩展了我们的知觉，然而其可用性是有限的。

重大物理现象根本就不是通过感官知觉到的。感官没有向我们显示地球绕其轴旋转并绕太阳公转，也没显示维持行星绕太阳公转的力之本性。电磁波能使我们收到几百甚至几千英里外发射的广播和电视节目，而感官对于电磁波本身一无所知。

这本书不多涉及数学的日常应用，如确定一座 50 层大楼的高度。读者将会悟到感官知觉之限度，不过我们的主要兴趣是，描述仅靠数学手段对于物理世界之实在知道些什么。我将描述数学对于现代世界的重大现象披露了什么，而不是铺陈数学知识。诚然，经验和实验在探究自然中也起了作用，不过，本书将表明，这些手段在许多领域起了次要作用。

在 17 世纪，布莱士·帕斯卡为人类之无助而悲哀。然而今天我们自己创造的一种极有力的武器——数学——给予了我们关于物理世界巨大领域的知识并使我们掌握了控制权。大卫·希尔伯特，现代首屈一指的数学家，1900 年在国际数学大会上的演讲中说道："数学是一切关于自然现象的严格知识之基础。"我们有充分理由补充说,对于许多重要的现象,数学提供了我们所能有的唯一的知识。事实上,一些科学分支只是由一套数学理论组成,并饰以几个物理事实。

与学生在学校里获得的印象相反,数学不只是一系列技巧。数学向我们揭露关于某些我们还未知的,甚至从未臆度过的重要现象,在某些情况下甚至揭露与知觉矛盾的道理。它是我们关于物理世界的知识之精华。它不但超出了知觉之域而且大大优于知觉。

致　　谢

　　我感谢牛津大学出版社为此书所做的耐心细致的工作。我还想谢谢我的妻子海伦以及曼若琳·曼那维茨小姐,她们仔细阅读并打印了手稿。

布鲁克林,纽约

1985 年 3 月

莫里斯·克莱因

目　　录

历史概观：
外部世界存在吗？

> 哲人是这样的人，他知晓其他人知之甚少的某些事情。
>
> 笛卡尔
>
> 哲学家之言有尽人类荒谬之极者。
>
> 西塞罗
>
> 整部哲学不是像在用蜜撰写吗？乍看很奇妙，再看消失殆尽，只剩下黏稠的污痕。
>
> 爱因斯坦

有独立于人类的物理世界存在吗？山脉、树木、陆地、大海、天空，无论是否有人在场感知，它们都存在吗？这似乎是愚蠢的问题。当然存在。我们不是常常观察这世界吗？我们的感官不是不断地提供这世界存在的证据吗？然而，深思之士却不会对显而易见的东西不屑考问，即便只是为了确证也要问一问。

我们从哲学家开始。这些爱智者，多少世纪以来深思细考了关于人类和世界的所有问题，然而像单恋的痴情者一样常常感到失落。在最伟大的哲学家中,有人思考过关于外部世界存在的课题。有否认其存在者,也有承认其存在者。不过后者又认真地怀疑我们对于外部世界了解了多少、我们的知识有多可靠。杰出的哲学家伯特兰·罗素在其《我们关于外部世界的知识》(*Our Knowledge of the External World*)一书中写道:"自古至今,比起其他学问,哲学自认为有资格获得的极多而实际成果却极少。"尽管如此,我们还是应考察一下某些哲学家不得已而言之者为何。我们将集中讨论那些认真考问过我们关于外部世界的知识的哲学家。

第一个探讨此问题的是大约公元前 500 年的希腊哲学家赫拉克利特(Heraclitus)。赫拉克利特并不否认外部世界的存在,但坚持世上任何事物都常变。用他的话来说,人不能两次踏进同一条河流。因而我们自认为收集到的关于物理世界的事实在下一瞬间就不再存在。

与此相反,伊比鸠鲁(Epicurus,公元前 341—前 270)坚持这一基本原则:我们的感官是到达真理的绝对可靠的向导。感官告知我们,物质存在,运动发生,最终的实在是由存在于真空中的原子组成的物体。它们一直存在,不可毁坏,并且不可分、不可变。

古今最有影响的哲学家柏拉图(Plato,公元前 341—前 270)也对此问题感兴趣。他承认外部世界的存在,但却得出这样的结论:通过感官感知的世界是混杂的,变化多端,永不停息,是不可靠的。真实的世界是理念的世界,不可变,不朽坏。不过这理念世界不能由感官而只能由心智来把握。观察是无用的。在《理想国》(*Republic*)中,柏拉图明确地论述,表象后的实在才固有的、真实的,并且是数学式的。理解实在就是从表象中抽绎出实在,而不是将实在强加于表象。数学是真实存在的基础,是永恒实有的。柏拉图强调数学的重要性，把它构想成关于抽象的、非物质的理想理念的更普遍系统的组成部分。这些理想理念是完美的模型，而宇宙中任何事物，不管是物质的、伦理的，还是美感的，都力图臻于这些完美的模型。柏拉图在《理想国》中说道：

> 但是，如果任何人试图获知感官的东西，不管瞪眼向上还是眯眼向下，我都不会说他会真正获知什么——因为这永远得不到真知；同样我也不会说他的灵魂在向上看，而是向下，哪怕他是仰面浮在海上或躺在陆地上在研究。

普鲁塔克（Plutarch）在其《马塞卢斯生平》（*Life of Marcellus*）中叙述道：柏拉图的两个著名的同时代人，欧多克斯（Eudoxus）和阿球塔斯（Archytas），以物理论据来证明数学结果。柏拉图义愤填膺地谴责此类证明乃几何学的堕落：那是以感官事实来取代纯粹的推理。

柏拉图对天文学的态度可说明他关于我们应探求的知识的观点。他说，这门科学并不关乎可见天体的运动。天空中星辰的排布及其表观运动的确奇妙美观，但这只是观察和对运动的解释，离真正的天文学相差很远。在达至这门真正的科学之前我们必须将天空搁置一边。因为真正的天文学研究的是数学天空中真正星辰的运动规律，而可见天空只是数学天空的不完美的表现。通过苏格拉底之口，柏拉图告诉我们天文学家的要务，这些话现在已很著名：

> 这些绘在天上的火花，既然它们是可见表面上的装饰物，我们应该认为是最美妙、最精确的物体，但我们必须承认它们离真理还很远。所谓真理，即以真正的数和真正的图形来度量的实在的速度和实在的运动的快慢。……这些只能根据推理和思想来把握，而不是根据视觉。（因此，）如

果我们想参与研究真正的天文科学,就必须(只是)将天空的纹章作为模式来帮助我们研究那些真正的实在。

这种天文学概念会令具现代头脑的人震惊,学者们毫不犹豫地谴责柏拉图,认为他对感官经验的贬低是科学进展的严重阻碍。然而我们应该承认,这里分配给天文学家的任务恰好就是几何学家成功地遵循的路径。几何学家研究三角形在头脑中的理想化而不是个别三角形的物体。在柏拉图的时代,观测天文学已达到当时所能达到的极限,也许他所想的是:进一步的发展,有待于对所积累的资料进行严格的思考和理论化。

柏拉图的抽象理想观的确不幸地阻碍实验科学的进步达数个世纪之久。这观念隐含着这样的意思:真正的知识只能通过对抽象理念的哲学观照才能获得,而不是通过观察实在世界中偶然的不完美的事物。

然而,过去与现在都有哲学家承认外部世界的存在,并相信我们可以通过感觉获得可靠的知识。与柏拉图针锋相对,亚里士多德(Aristotle)不仅断言外在于人类的世界的存在,而且坚持我们关于世界的观念是这样得到的:我们从世界中抽象出我们所感知的某一类物质客体共同的东西,如三角形、球形、树叶与山。他批评柏拉图太关注于非现实的另一世界,还将科学还原为数学。从字面上说,亚里士多德是一个自然学家,相信作为第一实体和实在之本源的物质事物的存在。物理学,一般地说,所有科学必须研究物理世界并从中得到真理。这样,真正的知识是从感官经验中通过直觉和抽象得到的。这些抽象物不独立于人的头脑而存在。

为达到真理,亚里士多德利用了他所说的共相,即从真实事物中抽象出的一般性质。用他的话来说,我们必须从对我们来说可知可观察的事物开始,然后依次扩展到那些从本性上说更清楚更可知的事物。他取出物体的明显的可感性质，使其实体化，并把它们提升至独立的心智概念。具体地说，在中央大地之上（包括所有的水），是空气所占据的区域；更高处，直到月亮，是我们称之为火的实体，尽管实际上它是火与空气的混合物。它们的存在取决于四本原：热、冷、干、湿（参见第5、第10章）。这四本原可以六种方式两两组合，不过其中两种组合——热与冷、干与湿——按其本性是不可能的，剩下的四对组合产生了四种元素。这样，地是干而冷，水是冷而湿，空气是热而湿，火是热而干。这些元素不是永恒的，相反，物质持续地从一种形式变化到另一种形式。从地球直到月亮的整个宇宙不断变化、朽坏、死亡、腐败，正如气候和地质现象所生动显示的。

尽管古希腊哲学家的观点的影响是确凿无疑的，人们却倾向于置其不顾，因为虽然他们的文化强调数学的重要，但他们生活在一个可称为前科学的世界。他们实验不多，在整体上与我们今天所知的科学世界相分离。

在中世纪，人们不再关心外部世界，神学是人们的首要关注对象。直到文艺复兴时期，哲学家才将强烈的兴趣转向物理世界。尤其在西欧，近代哲学自那时肇始，随之而来的是对科学的新兴趣。

勒内·笛卡尔（Rene Descartes，1596—1650）是近代哲学的奠基者。他的《方法谈》(*On the Method of Rightly Conducting the Reason and Seeking Truth in the Science*，1637)包括的三个附录"几何学""折射光学""气象学"是经典之作。尽管笛卡尔认为他的哲学和科学学说颠覆了亚里士多德主义和经院哲学，在内心深处他还是一个经院哲学家和亚里士多德主义者。他步亚里士多德的后尘，从自己的头脑中抽绎出关于存在和实在本性的命题。也许正因为此，他的著作比那些从观察和实验中获取真理者的研究,对17世纪产生了更广泛的影响。观察和实验这两个源泉是与传统式的真理格格不入的。

考虑到有这样的逻辑可能性:他的所有信念都是错误的,笛卡尔寻找一个建立真理大厦的坚实基础。他发现只有一个事实可以确信——我思故我在(I think, therefore I am)。因为他认识到自己是有限的和不完美的,他推断,这种有限感隐含着必有一个据之衡量自己的无限完美的存在。这存在,上帝,必存在,因为如果他缺少了存在这基本性质,他就是不完美的。对笛卡尔来说,上帝存在这一结论,对于科学来说比对于神学更重要。因为它提供了可能性来解决客观世界的存在这一中心问题。

因为对外在于我们头脑的世界的知识是通过感官印象而来的,就出现了这样的问题:除了感官印象是否还存在其他东西,或者说是否客观实在是一种幻觉。对于这个问题,笛卡尔的回答是,上帝既然是完美的,就不会是一个欺诳者。如果物质宇宙不是真实的,他就不会让我们相信其存在。

客观实在主要通过广延这一物理属性来把握,这是物质概念所固有的,而物质概念并非来自于感官。因此,关于物质世界的知识并非来自感官,除非是以非直接的方式。笛卡尔将他对物质客体的观察资料分成第一性和第二性的性质。这样,颜色是第二性的,因为它只能通过感官来觉知,而广延和运动是第一性的。

对于笛卡尔来说,整个物理宇宙是一架巨大的机器,根据自然规律运转。这些自然规律可以通过人类理性尤其是数学推理来发现。他贬低实验的作用,尽管他做过生物学实验。

根据数学和科学知识,哲学家托马斯·霍布斯(Thomas Hobbes, 1588—1679)在其《利维坦》(*Leviathan*, 1651)中说,在我们之外只有运动的物质。外部物体给我们的感觉器官以压力，通过单纯的机械过程在我们的头脑中产生了感觉。所有知识都自这些感觉导出，然后感觉变成了头脑中的影像。当一串影像到达时，就激起其他已接收的影像，例如，一个苹果的影像就激起一棵树的影像。思想就是对影像链的组织。具体说来，名称是按照物体和物体的性质在影像中显现的样子加上的，思想就在于通过断言来联结这些名称并寻到这些断言之间的必然联系。

在《人的本性》(Human Nature，1650)一书中，霍布斯说观念就是对通过感官所接受的东西的影像或记忆。并不存在内在固有的观念或理想物，也不存在共相或抽象观念。三角形只是意味着所有被感知的三角形的观念(影像)。所有产生观念的实体都是物质的或有形体的。事实上，心智(mind)也是实体。语言(例如科学和数学语言)仅仅由符号或对应于经验的名称组成。所有的知识都只不过是记忆，心智通过词语来活动，而词语不过是事物的名称。真与假是名称而非事物的性质。"人是生物"这句话是真的，是因为任何叫做人的也叫做生物。

头脑组织和联系那些关于物理客体的断言，当发现规律性时，就获得了知识。数学活动就产生这样的规则性。所以头脑的数学活动产生关于物理世界的真正知识，数学知识就是真理。事实上，实在只有通过数学形式才为我们所知。

霍布斯为数学对真理之专有权的辩护是如此强烈，甚至数学家都起而反对。在给当时的物理学泰斗克利斯提安·惠更斯(Christian Huygens)的一封信中，数学家约翰·沃利斯(John Wallis)这样谈论霍布斯：

> 我们的利维坦正在激烈攻击和摧毁我们的大学(不仅我们的而且所有的)，尤其是牧师、神职人员和所有的宗教。

似乎基督教世界没有可靠的知识，无论哲学上还是宗教上知识都荒唐可笑；似乎人们不懂哲学就没法理解宗教，而不懂数学就不懂哲学。

霍布斯强调感觉的纯粹物理根源，强调头脑在推理中的有限作用，这震惊了许多哲学家。在他们看来，心智不只是一堆机械运作的物质。在 1690 年出版的《人类理智论》(*A Essay Concerning Human Understanding*)一书中，洛克(Locke，1632—1704)略似霍布斯，而不像笛卡尔，以人类没有固有观念的断言开始，认为人类与生俱来的心智是像白板一样空白的。经验经过感官媒介，在这些白板上留下印记，产生简单观念。有些简单观念是物体固有性质的精确近似。这些性质他称为第一性的，例如充实、广延、形状、动静和数量。这些性质不管是否有人知觉都存在。还有一些来自感觉的观念是客体的真实性质在心智上产生的效果，但这些观念不对应于实际的性质。这些第二性的性质中有颜色、味道、气味和声音。

洛克写这本书的目的是发现可知与不可知的界限，即"在事物的明亮和黑暗部分设定界限的地平线"。这样他就可以反驳怀疑论者和另一极端的过于自信的推论者。前者"因为一些事物不能理解就质疑一切，否定所有知识"；而后者假定整个存在的汪洋大海是"我们理解力天然无疑的占有物，其中无物能在其判断之外，无物能逃脱其把握"。他的更积极有建设性的目的是建立知识和意见的基础和衡量标准，凭此在人类的理智有能力把握的所有事物中获得或接近真理。

正如洛克在导论中所解释的，此书的计划或构思是"为了探究人类知识的起源、确实性和范围，以及信念、意见和同意的基础和范围"。遵循一种简明的历史方法，他叙述了观念的起源，然后展示了通过这些观念理智获得什么知识，最后探究信念或意见的本性和根据。

虽然心智不能发明或构建任何简单观念，它却有能力反思、比较和联结简单观念从而形成复杂观念。这里，洛克背离了霍布斯。他说，心智并不知晓实在本身，它所知的只是关于实在的观念，心智就靠这些观念运作。知识关乎观念的联系譬如说它们的一致或矛盾。真理就在于符合事物之真实的知识。

基本的数学观念是由心智构造的，最终却可以追溯到经验。然而，一些观念不能追溯到真实存在。这些更抽象的数学观念是通过重复、结合和安排等方式从简单观念中构造出的。知觉、思考、疑问、相信、推理、意愿和知晓产生这些抽象观念。这样就可得到完美的圆的观念。此外，还有产生这些抽象观念的内感。数学知识是普遍的、绝对的、确定不移的，意义重大。这种知识尽管是由观念组成的，却是真实的。

通过证明联系这些观念从而确立真理。洛克偏爱数学知识，是因为他觉得数学所处理的观念最清楚最可靠。此外，数学通过展示观念间的必然联系而将它们联系在一起，心智对此类联系理解得最透彻。洛克不仅偏爱由科学所产生的关于物理世界的数学知识，他甚至摒弃直接的物理知识。他的理由是，许多关于物质结构的事实完全不清楚，例如物体相互吸引或排斥的物理力。此外，因为我们永远不能知道外部世界的真实实体，所知的只是由感觉产生的观念，所以物理知识很难令人满意。不管怎么说，他还是相信，拥有数学所描写的性质的物理世界是存在的，正如上帝和我们存在。

总地来说，洛克的知识论尽管有歧义，总地来说，可称之为直觉式的。在他的体系中，真理只存在于命题中，推进知识和正确判断的途径是直接或通过中介观念比较命题，以断定它们之间一致或矛盾。当这种一致或矛盾可直接而确定地察觉时，知识就是可能的。

即使在证明的推理中,尽管一致或矛盾不能直接察觉,而必须借助其他观念来确立,但是每一步论证必须直觉上是清楚确定的。另一个知识来源是感觉,当外部事物呈现于我们的感官时,我们通过感觉直觉它们的存在。

根据这些来源中的第一个,即直接直觉,我们确知自身的存在,因为"在每一个感觉、推理或思考活动中,我们都意识到自己的存在;并且,其中并不缺乏最高程度的确定性"。几何学和代数中的数学关系,抽象的道德原则,以及上帝的存在都可以由推理证明,至于外部事物的存在,当其实际呈现于感官时,当然可由感觉知晓。这些都是基本的真理,对我们的生存和幸福至关重要,不管是此生还是彼世,不过很明显存在和生命的广阔海洋中,这些基本真理不会带我们走很远。

像笛卡尔一样,洛克抛弃了所有第二性的性质。自然是沉闷的东西,无声、无臭、无色、无感觉,仅限于无意义的物质的运动。洛克对大众思想的影响是巨大的,他的哲学影响18世纪,正如笛卡尔的哲学影响17世纪。

洛克和霍布斯强调外在于人类的物质世界的存在(不过前者不像后者那么强烈)。所有的知识都由此来源而生,而最终由心智或大脑所获得的关于这世界的最可靠的真理,则是数学定律。乔治·贝克莱(George. Berkeley, 1685—1753)主教,著名的神职人员和哲学家,认识到这种对物质和数学的强调是对宗教和上帝、灵魂诸概念的威胁。利用巧妙、敏锐有力的论证,他起而攻击霍布斯和洛克,并提出自己的知识论。

他在否认外部世界的存在方面做得最彻底。他的基本论据是,所有的感觉都是主观的,因而依赖于观察者和他视角。他解释许多有意识的知觉的貌似长久性(例如一棵树两次相继观看时似乎不变)，宣称他们留存于上帝的心智中。

在他的主要哲学著作《人类知识原理》(*A Treatise Concerning the Principles of Human Knowledge*，1708)中，他考察了科学中错误和困难的主要根源以及怀疑论、无神论和反宗教的依据，作了正面进攻。霍布斯和洛克都坚持我们所知的都是外部的物质客体在我们心智上产生的观念。贝克莱承认感觉或感官印象以及从中产生的观念，但他质疑它们由外在于感知的心智的物质客体产生。因为我们知觉到的是感觉和观念，没有理由相信任何事物外在于我们。洛克的论据是，我们关于物质客体的第一性性质的观念是准确的复本。贝克莱反驳说，一个观念除了像一个观念外不可能像任何其他东西：

> 当我们竭力理解外部物体的存在时，我们一直在观照自己的观念。但是心智，由于没注意到自身，便妄以为它能构想外在于心智而存在的物体。

洛克区分第一性性质和第二性性质的观念时无意间提供了一个论据，贝克莱借此来强化自己的观点。洛克认为前者对应于真实的性质而后者仅存于心智中。贝克莱问：如果不包括其他的可感性质如颜色，有人能设想一物的广延和运动吗？广延、形状和运动自身是无法想象的。所以，如果第二性性质仅存于心智中，则第一性性质也是。

简而言之，贝克莱的论证是，因为我们仅知道感觉和由这些感觉形成的观念，而不知道外部客体自身，根本就没有必要假定一个外部世界。那个世界并不比当人挨当头一击时所见到的星星更实在。一个物质的外部世界是一个无意义和不可理解的推论。如果有外部物体，我们永远不能认识；如果没有，那么，我们会以和现在同样的理由认为有。贝克莱就这样打发掉了物质。

不过,贝克莱还需要解决数学。心智获得的规律不但能描写而且还能预言所假定的外部世界的进程,这如何解释?他如何抗衡18世纪对于数学所提供的关于外部世界的真理的根深蒂固的信念?

他接下来摧毁数学。他精明敏锐,专攻其最薄弱之处。微积分的基础概念是函数的瞬间变化率,但人们对此理解得并不清楚,无论牛顿还是莱布尼茨都没讲清楚。因而贝克莱在当时能够以正当的理由满怀信心地攻击它。在 1734 年针对一个无信仰的数学家(埃德蒙·哈雷)而写的《分析家》(The Analyst)中,他用词毫不忌讳。他斥责瞬间变化率为"既不是有限量,也不是无穷小量,而且也不是无"。这些变化率只是"已失去量的鬼魂。可以肯定的是,……谁能理解二次或三次流数(牛顿为瞬间变化率而用的术语),在我看来,就没有必要拘泥于上帝中的任一点"。微积分证明有用,贝克来解释说,在某些地方误差相互抵消。尽管贝克来对微积分作了在当时看来有根据的批评,他并没有打发掉数学所提供的关于物理世界的所有真理。然而,在促使对手思考之余,他将反对数学的论据建立在这一点上。他这样总结了自己的哲学:

> 所有天国的天使和地上的器具,一切组成这世界巨大结构的物体,在心智之处没有任何实体。……只要它们没有被我实际知觉到,或者说没有存在于我的心智或任何其他被造物的精神中,那么它们或者根本不存在,或者存在于某个永恒精神的心智中。

即使贝克莱本人也偶尔在他否认其存在的物理世界做短途探险。他最后的著作题名为《阔叶合欢树:关于焦油水的效力的一系列哲学反思》(Siris: A Chain of Philosophical Reflec-

tions Concerning the Virtues of Tar-Water)，其中推荐饮用泡
过焦油的水，来治疗天花、肺痨、痛风、胸膜炎、哮喘病和许多其
他的疾病。这些偶尔的失误不该拿来反对贝克莱。阅读其令人
愉快的《海拉斯和费洛努斯的对话》（Dialogues of Hylas and
Philonous），就会发现对其哲学极其精彩有趣的辩护。

贝克莱关于心与物的极端观点引来了这样的双关语："什么
是物？别关心。什么是心？不重要。"（What is matter？Never
mind. What is mind？Never matter.）不管怎么说，通过剥夺唯
物主义的物，贝克莱相信他已打发掉了物理世界。

在关于人类与物理世界的关系这个问题上，贝克莱的哲学
之彻底，似乎已尽思想之极。但是苏格兰的怀疑论者大卫·休
谟（David Hume，1711—1776）却认为贝克莱走得不够远。贝
克莱承认有一个思想的心智，其中感觉和观念存在，休谟甚至否
认心智的存在。在他的《人性论》（Treatise of Human Nature）
一书中，他坚持我们既不知道心智也不知道物质。两者我们都
不能知觉，都是虚构。我们知觉到印象（感觉）和观念，譬如说影
像、记忆和思想，后三者只是印象的模糊效果。的确有简单的和
复杂的印象和观念，但复杂者只是简单者的组合。因而可以说
心智与我们的印象和观念集合是同一的，心智只是这集合的一
个方便的术语。

至于物质，休谟和贝克莱是一致的。谁能保证我们有一个
永久存在的充实客体的世界？我们所知的一切都是我们对这样
一个世界的感官印象。根据在顺序或位置上的相似和接近来联
想观念，记忆给予观念的心智世界以秩序，正如重力擅自给予物
理世界以秩序。空间和时间只是观念产生的方式和顺序。两者
都不是客观的实在。我们为我们观念的力量和稳固所迷惑，才
相信有这样的实在。

　　有固定性质的外部世界的存在这一说法,实际上是一个无根据的推论。并没有证据表明除了印象和观念外还有任何事物存在,而印象和观念什么也不属于,什么也不代表。

　　因而不可能有关于持久的客观物理世界的科学规律;这样的规律只是方便对印象的概括。此外,我们无法知道我们所观察到的规律会重现。事实上,我们本身只是孤立的知觉(印象和观念)集合。我们只是这样存在。任何想知觉我们自己的努力所达到的只是一个知觉。所有其他的人和假定的外部世界对于任一人来说只是知觉,不能确定它们存在。

　　在休谟的彻底的怀疑主义之路上,只有一个障碍,那就是已得到公认的纯数学真理的存在。他不能摧毁这些,就贬低它们的价值。他宣称,纯数学定理不过是同义反复的陈述,是以不同的方式对相同事实的不必要重复。2乘2得4并不是什么新事实。实际上,2乘2只是以另一种方式来说或写4。因而算术中的陈述只是同义反复。至于几何学定理,只是以更详细的方式来重复公理,而公理的意义和2乘2得4一样。

　　在《人性论》中,休谟明确地怀疑作为合理解释之工具的理性能力:

　　　　没有客体通过显示给感官的性质而显露出它的原因,或由它而起的结果。不借助于经验,我们的理性得不到任何关于真实存在和事实的推论。

　　经验可能使人联想到因果联系,但这一信念决不是理性的。只有当否定一信念时在逻辑上不一致,这信念才是理性的。然而通过经验得到的信念没有满足这一要求的。没有关于一个恒常、客观世界的真正科学,科学是纯粹经验的。

　　如此,休谟对我们如何获得真理这个一般问题的解决是,我们不能获得真理。数学定理、上帝的存在、外部世界的存在、原因、自然、奇迹都不能构成真理。这样休谟通过推理毁灭了推理所建立的一切，同时又强调理性的限度。

然而，这样一个结论，这样对人类最高能力的否定，会使多数18世纪的思想家反感。数学和人类理性的其他表现形式已取得了太多的成果，不能轻易抛弃。伊曼纽尔·康德（Immanuel Kant，1724—1804)确实对休谟无根据地推广洛克知识论表示了反感。理性必须被重新推上皇座。人类在感官经验的简单堆积之外还拥有观念和真理，这一点对于康德来说是确定无疑的。

然而康德沉思的结果，细察时也不能给人多少安慰。在他的《未来形而上学导论》(*Prolegomena to Any Future Metaphysics*，1783)一书中，康德写道：

> 我们能够满怀信心地说，某些纯粹的先天综合认识，纯粹数学和纯粹物理学，是现实的、给定的；因为两者包含的命题被完全承认为绝对确定的，……却独立于经验。

在他的《纯粹理性批判》(*Critique of Pure Reason*，1781)中，康德提供了更能使人心安的话。他断言所有的数学公理和定理都是真理。但是，康德自问，为什么他愿意接受这样的真理？经验本身当然不能允许这一点。如果能够回答"数学科学如何是可能的"这一更大的问题，上述问题就可以解答了。

实际上，康德对人类如何获得真理这一问题采取了全新的解决方法。他首先区分了能够提供知识的两类陈述或判断。第一类，他称之为分析的，并不能实际增加知识。例如这样的陈述：所有的物体都是广延的。它只是明确陈述了物体作为物体就有的性质，并没有说出新东西（尽管这个陈述可用于强调）。第二类，是心智独立于经验以某种方式获得的，他称之为先天知识。

在康德看来,真理不能单独从经验获得,因为经验是感觉的大杂烩,缺乏概念和组织。因而仅仅观察并不会提供真理。真理,如果存在,必须是先天判断,并且要成为真正的知识,必须是综合判断,它们必须提供新的知识。

证据唾手可得,就在数学知识的主体中。在康德看来,几乎所有的数学公理和定理都是先天综合判断。"两点之间直线最短"这一陈述肯定是综合的,因为它结合了直和最短距离两个观念,而这两个观念任一个都不蕴含另一个。而且这陈述是先天的,因为关于直线甚至度量的经验都不能保证(康德相信)此陈述所包含的真理。因而,在康德看来,人类毫无疑问拥有先天综合判断,即真正的真理。

康德还作了更深的探求。他问,为什么他愿意接受陈述"两点之间直线最短"为真理?心智怎样能够知道这样的真理? 如果我们能够回答"数学为什么是可能的",此问题就可以解答了。康德给出的解答是,我们的心智拥有空间和时间形式,独立于经验。康德称这些形式为直观。它们是纯粹先天的知识方式,不依据经验或思想。因而空间和时间是直观,心智必然通过它们来观看物理世界,以整理和理解感觉。既然空间之直观源于心智,关于空间的某些公理就可以立马被心智接受。然后几何学继续探索这些公理的逻辑含义。空间和时间的规律以及心智的规律是居先的,它们使理解实在现象成为可能。康德说:"我们的心智并没有从自然界取出规律,而是将自己的规律加于自然界。"

我们根据心智的这些形式来知觉、整理和理解经验。经验由心智形式塑造正如面团由模子塑造。心智将这些形式加于所接受的感官经验,使这些感觉归属固有的模式。因为空间的直观源于心智,心智自动地接受这空间的某些性质。两点之间直线最短，三点决定一个平面，以及欧几里得的平行公理，这些康德称为先天综合真理的原理，是我们的心智不可或缺的组成部分。几何学只是探索这些原理的逻辑结果。心智根据心智的"空间结构"观看经验，这意味着经验将遵从基本原理和定理。

因为康德是用人脑细胞来制造空间，在他看来没有理由不把它做成欧几里得式的。他没有能力构想另一种几何学，就相信没有另一种几何学。因此他保证欧氏几何学的真理性，同时也保证先天综合命题的存在。如此，欧几里得几何学中的规律不是宇宙中固有的，宇宙也不是由上帝如此设计的。这些规律是人类整理感觉并使感觉合理化的机制。至于上帝，康德说上帝的本性在我们的理性知识范围之外，不过我们还是应该相信其存在。康德在哲学上的大胆为其几何学上的鲁莽所超越，因为尽管他从来没有走出其东普鲁士的故乡柯尼斯堡城十英里之外，他仍能确定关于世界的几何学。

科学中的数学化规律如何解释？因为所有的经验都是根据空间和时间的智力结构来把握的，数学必定可适用所有的经验。在他的《自然科学的形而上学基础》(*Metaphysical Elements of Nature Science*，1786)一书中，康德承认牛顿定律及其推论都是自明的。他宣称已证明牛顿第一运动定律可由纯粹理性推出，并且只有设定这一定律，自然界对于人类理性才是可理解的。

更一般地说，康德论证道，科学的世界就是心智根据固有的范畴如空间、时间、因果性和实体所安排调节的感官印象的世界。心智包含着客人必须使用的家具。感官印象的确起源于实在世界，不幸的是这样的世界是不可知的。只有通过知觉的心智所提供的主观范畴，现实才是可知的。因而，除了根据欧几里得几何和牛顿力学，没有别的方式能够整理经验。

对于康德来说,当经验扩展和新科学的形成时,心智并不是通过从这些新经验中概括来得出新原理;相反,以前没用过的心智机能被利用起来以解释这些新经验。心智的视力由经验所照明。这可以解释为什么有些真理认识得相对晚一些——如力学定律——而有些许多世纪以来已为人所知。

康德还说,我们不能指望仅仅通过感官认识获得可靠的知识。我们永远不会知道实在事物自身。如果我们能够确定地知道什么,这一定是心智考察了从外界接受的材料的结果。

康德哲学在这里仅仅简单论及。他颂扬了理性,不过康德分配给理性的任务不是探索自然界而是探索人类心智的深处。经验作为知识中的必要因素得到应有的承认,因为感觉从外部世界提供了心智加以整理的原料。数学作为心智的必然规律的揭示者而保留了其位置。

从康德知识论的概述中可以明显看出,他将数学真理的存在作为其哲学的中心支柱。他尤其依赖于欧几里得几何学的真理性。不幸的是,19世纪发明的非欧几何摧毁了康德的论据。

尽管康德哲学极其优越,受到尊崇,19世纪大名鼎鼎的英国哲学家约翰·斯图亚特·穆勒(John Stuart Mill, 1806—1873)还是回到休谟的观点并做了一些改动。作为一个实证主义者,穆勒宣称,知识主要来自感官,而且还包括有意识的心智关于感官证据形成的关系。无法证明外部世界存在,但也没有证据表明它不存在。

当我们说一个外部对象时,我们的意思是,不管我们想到与否,某物存在着,即使我们从其得到的感觉改变了,它还是保持不变,并且对于许多观测者来说都一样,而感觉却不是这样。对于穆勒来说,关于外部世界的概念只是在较小程度上由实际的感觉构成,而在更大程度上是由可能的感觉构成——不是由正在感觉的，而是由转过头去就会感觉到的构成。物质是感觉的永久可能性。记忆力在这种知识中起作用。

不管怎么说，关于外部世界的知识只能通过感觉来获得。这种知识是不完美的，我们不知道它的确切限度和范围。从感觉中获得的简单观念由心智组合成复杂观念；然而这种知识是有名无实的。归纳知识永远不会是确定的，只能是可能的。但是无论对于科学来说还是作为我们生活的指南，这种知识是我们所能得到的最佳知识。

对于穆勒来说，数学中譬如说欧氏几何中的结论，只是在它们从前提中推出的意义上才是必然的。然而，那些前提——公理——是基于观察的，是经验的概括。算术和代数也是建立在经验之上。表达式 $2+2=3+1=4$ 是心理概括。代数只是这种概括的更抽象的推广。

穆勒发现归纳法至关重要，因为它是可能的概括如自然规律的源泉。原因只是此后的事件的居先者。那个事件有一个原因，这是从经验中推出的。它是对大自然的齐一性原理的准确表述。

这样，在实验知识之外没有知识是可能的，也没有知识是必然的。经验和心理学可以解释我们所有的知识，它们是我们相信外部世界存在的依据。穆勒是一个经验主义者，不过他与休谟的怀疑主义不同。他的观点与 20 世纪的经验主义和逻辑实证主义接近，甚至可以说开创了后两者。

以上概述了主要哲学家关于外部世界之存在和我们知识之可靠性的观点，从中可得出什么结论呢*？我们采取爱因斯坦

---

　　* 关于现代哲学家的观点，我们在后面的章节会讨论得更多，而这些哲学家受了我们拟探讨的数学创造的影响。

所表述的立场:

> 相信有一个独立于知觉主体的外部世界的存在,是一切科学的基础。但是既然我们的感官知觉只能间接地告知我们这世界或物理实在的情形,只有通过推想,这世界对于我们才是可理解的。

经验不能证明实在,经验是属于个人的。

尽管我们采取经验主义的立场,致力于弄明白关于外部世界我们能获知什么,我们还是应该以觉察我们的感官知觉是否可靠开始。这我们打算在第 1 章讨论。我们主要关心的是,数学家能够做什么来纠正我们的错觉,特别是,揭示完全不能知觉的物理现象。

第1章
感官与直观的失败

感官知觉乃感官迷惑。

笛卡尔

关于外部世界我们能知道什么这个问题,尽管有贝克莱的否认,休谟的限制,以及赫拉克利特、柏拉图、康德和穆勒的保留态度,物理学家和数学家还是相信有外部世界存在。他们论证说,即使人类突然被毁灭,外部的或物理的世界将继续存在。当森林中一棵树轰然倒地,即使无人在场听见,也有声音产生。我们有五种感觉——视觉、听觉、触觉、味觉和嗅觉——每一种都不断地从这外部世界接受信息。不管我们的感觉是否可靠,我们的确是从外部的源头获得信息的。

出于实用的理由,譬如说保持生存或改善在外部世界中的生活,关于这个世界我们当然想知道得尽可能地多。我们必须区分陆地和海洋,栽种食物,建筑避身处,保护自己免受野兽之害。为什么我们不能依赖感官达到这些目的?原始文明已做到了这一点。然而,正如对于心灵纯洁的人来说世界是纯洁的,对于头脑简单的人来说世界是简单的。

为力图改善我们的物质生活,我们被迫扩展关于外部世界的知识。这样我们必然将感官用到极限。不幸的是,对我们来说,感官不仅是有限的而且具有欺骗性。只相信感官甚至可导致灾难。我们来留意一下这些限制。

在五种感觉中,视觉也许是最有价值的。我们先来检验一下在多大程度上我们可依赖于视觉。我们以几个例子开始。多年来,人们有意构造了许多具有欺骗性的图形以显示眼睛的限度。19世纪的物理学家和天文学家对于视觉错觉非常有兴趣,因为他们担心视觉观察可能靠不住。威尔海姆·冯特(Wilhelm Wundt)是著名生理学家、外科医生,而且是科学家赫尔曼·冯·亥姆霍兹(Hermann von Helmholtz, 1821—1894)的助手,他设计了图1。尽管竖直线和水平线等长,却会产生前者比后者长的错觉。这种错觉可颠倒过来。在图2中,高度与宽度看起来相等,实际上宽度更大。

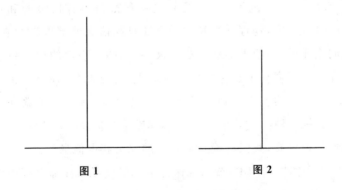

图1　　　　　　　　　图2

图3是由弗兰茨·缪勒-吕耶(Franz Müller-Lyer)于1899年设计的,人们称之为恩斯特·马赫(Ernst Mach)错觉。两段水平线实际上等长。

图4中的点实际上在水平线段的中央。上面这两个错觉都是由角造成的。

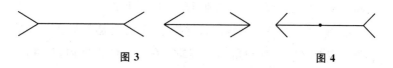

图 3　　　　　　　　　　　　　　图 4

在图 5 中,水平线段 CD 看起来比水平线段 AB 要短,而且人们很难相信下面图形的水平最大宽度和其最大高度相等。

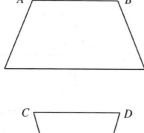

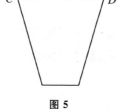

图 5

图 6 显示了受角影响的显著错觉。两个平行四边形的对角线 AB 和 AC 长度相等,但右边的对角线看起来短很多。

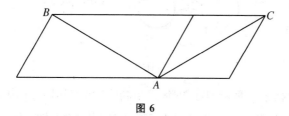

图 6

如图 7 所示,如果斜线和竖直线交叉,错觉非常鲜明。右边的斜线如果延长将会和左边斜线的顶端相交;然而,看起来的交点要比顶端低一点。这一著名的错觉图是由约翰·刨根道夫

(Johann P. Poggendorf,大约在 1860 年)设计的。

在图 8 中,三条水平线段长度相等,不过看起来不相等。这种错觉主要是由两端的角度造成的。在一定的限度内,角度越大,中间的水平线段看起来越长。

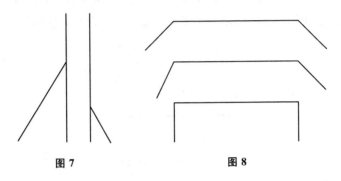

图 7　　　　　　　　　　　　　　　图 8

图 9 显示了一种显著的对比错觉。两个图形中中间的圆大小相等,然而为大圆所包围的看起来比为小圆所包围的要小。

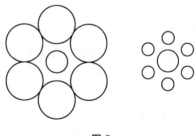

图 9

据信另一种机制在缪勒-吕耶错觉中起作用。图 10 中左边竖直线 A 两端的水平线被理解为相交的两堵墙的上下边缘。在这种情况下,竖直线被理解为前景。右边的水平线也被理解为墙的边缘,但在它们看起来会聚于一个内角。结果竖直线 B 被理解为背景。

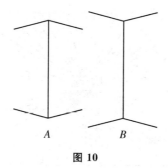

图 10

图 11 和图 12 中的错觉首先由约翰·Z·茨尔纳（Johann Z. Zöllner）描述。茨尔纳偶然发现了衣料图案上的错觉。图 11 中的长平行线看起来逐渐远离，而图 12 中的长平行线看起来逐渐趋近。

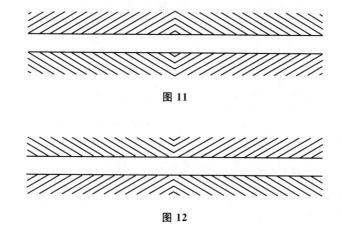

图 11

图 12

图 13 中的海灵（Hering）错觉由易沃德·海灵发布于 1861 年。受会聚的斜线影响，水平直线获得了弯曲的错觉。

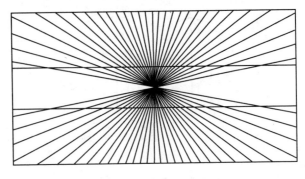

图 13

视觉的不可靠可由另一个例子显示,这是由 S·陶兰斯基 (S. Tolansky)教授设计的。图 14 常用于统计研究。图中的基线 CD 的长度和图形的高度相等。此外, 当要求一观察者画一条长度等于 基线一半的线来切割图形时,几乎 可以肯定选取线段 AB,而正确的 选择却是 XY。

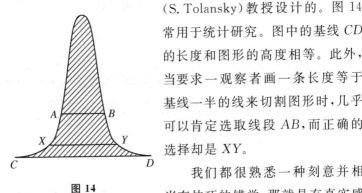

图 14

我们都很熟悉一种刻意并相 当有技巧的错觉,那就是有真实感 的绘画。逼真绘画的意图是在平的或者说二维的画布上显示三 维的场景。文艺复兴时代的画家的伟大成就之一就是设计了一 种数学图式,即线性透视,来取得希求的错觉。

一些简单的线性透视错觉的例子在我们的日常生活中处处 可见。这些例子和线性透视理论中的原理是,实际场景中直接 远离观察者的线必须看起来在远处的某一点相交,这一点叫消 失点。一个简单的例子是两条平行的铁路线看起来在远处某一 点相交(图 15)。

图 15

　　透视的影响在图 16 中尤其明显。这里透视线已划出以显示场景。那些高的盒形物长宽高完全相等,但远处的一个显得更大些。因为经验期待随着距离的增加物体会减小,这就使得图 16 中右边的盒形物看起来比实际上要大。

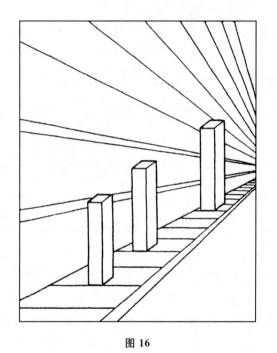

图 16

　　当我们观赏逼真的绘画时,我们受欺骗甚至享受这种欺骗。这种绘画必然是二维的,但如果它们是根据线性数学透视来画的,我们就会相信自己是在观看一个三维场景。拉斐尔的《雅典学院》(图 17)就是一个很好的例子。

图 17

当然,线性透视的数学体系利用了视觉错觉。要想使人或物显得比前景中的人或物远一些,就画得小一些,这符合人眼观看事物的方式。艺术家利用了另一种视觉效果:远处的对象会损失强度和亮度。

我们的日常经验中还有另外的视觉错觉。当太阳和月亮在地平线上时会显得比在头顶正上时大,因为我们无意识地考虑到自己的信念——当太阳和月亮在地平线上时离我们更近些。精确的测量当然显示它们的大小保持不变。

将月亮的直径作为弦,测量在眼睛中视角,正好是半度。因为整个半圆形的穹隆所对的角度是 180°,月亮所对的角度只是它的 1/360。按比例算来,月亮所占的面积小得让人吃惊,只是整个穹隆的 1/100 000。但是考虑到整个月亮是一个多么引人注目的对象,就很难理解它在天空中所占的面积是那么小。

　　一些其他的错觉涉及光的折射或者说弯曲。我们都注意到部分浸在水中的棍看起来是弯的,弯曲处在水面上。

　　自古代就引起了人们注意的一种空气折射现象是海市蜃楼,这种现象的产生是由于太阳热量造成的空气密度不均匀,再加上全反射效果。当一个人在炎热的夏日行走在一条又长又直又平的路上时,一种简单的海市蜃楼就产生了,多数人都熟悉这一点。路的正前方看起来为水所覆盖,然而继续前行就会发现路很干。

　　只有当路面被太阳照射得非常热时,这种效果才会出现。这时与路接触的空气变热,密度变小,因而不断地上升。结果底部的光折射比上层的要小。像在图 18 中那样,有一系列的密度不同的空气层。光线经过这些空气层,从接近地面的底部到达我们的眼睛。结果,观察者看见了从空中 A 点所来的光,但它看起来像是来自 B。如果地面上有一汪水的话,正是这种情况,因为在有水的地面上我们会看到天空中光线的反射。道路变热的效果导致了一种貌似反射的现象,我们总把这种反射与路上的水联系在一起。我们被愚弄了,误认为路是湿的。

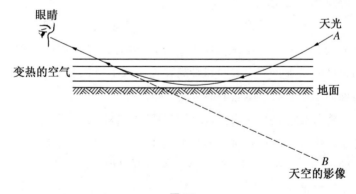

图 18

我们所考察的多数错觉是由心理学家有意设计的,但无需借助设计的图形就可以理解视觉总是在出错。这是情有可原的,因为大气层中光的折射或者说弯曲,甚至当太阳低于地平线时也可见。大地看起来是平的,而太阳看起来在围绕貌似静止并不转动的大地转动。设想太阳高高在天,对于这个问题"你现在看见太阳吗?"我们会立即回答是的。然而太阳光需经过 8 分钟才到达我们,在这 8 分钟中,太阳也可能会爆炸。当太阳接近地平面时,看起来不像圆盘,上下边缘有点平,竖向的直径看起来短一些。光线经过大气层时的弯曲造成了这种现象。而星星,因为是那样遥远,看起来像是小光粒。

视觉失真常叫做错觉,但错觉有许多不同的形式。颜色通过三种渠道从视网膜传到大脑。视网膜有三种颜色感受器(视锥),每一种对三原色(红、绿、蓝)的一种敏感。白光激活所有三种颜色通道。每一物体都吸收一些光线而反射另外的光线。白色的物体反射所有的光线。那么一张褐色的桌子是否实际上是褐色的呢? 在一个灯火通明的房间里烛焰看起来很暗,而在一个黑暗的房间里看起来很亮。一块木头看起来是实心的,但实际上是由原子间的作用力结合起来的原子集合。硬度并不是连续实体的硬度。

还有其他感觉的失真:温度、味觉、音响或音高以及物体看起来的运动速度。我们来看看温度错觉。将一只手浸在一盆热水中,另一只浸在冷水中。几分钟后,将两只手都浸在同一盆温水中。尽管两只手现在都浸在温水中,但在热水中浸过的手感到冷,而另一只手感到热。如果一只手浸在水中,慢慢加热或降温使得温度的变化感觉不到,那只手就能够适应变化的温度,这是很有趣的现象。

味觉也容易受一些错觉的影响。甜饮料尝起来会慢慢变得不那么甜了。将浓度很高的糖溶液放在口中几秒钟,然后再尝尝淡水,将会明显地感到咸味。

对于速度的判断失误也很常见。在高速公路上持续疾驰半小时后,一辆车以一小时 30 英里的速度运行会显得慢得可笑。车站里的两辆火车会提供非常常见的错觉。如果你乘坐的火车是静止的而另一辆火车在运行,你很容易上当,错以为你乘坐的火车也在运行。

有些失真是由于感觉接受器疲劳或适应了长时间或强烈的刺激而引起的。这可发生在任一种感觉上,可导致相当大的失真。重量错觉就是一例。负载一重物几分钟后,任何比它轻得多的东西都会显得比其实际重量轻很多。

除了那些能感觉到物理客体或事件的错觉,我们还必须考虑到我们的感觉是有限度的。正常的人耳能听得见的声音的频率是大约 20 到 20 000 赫兹。正常的人眼能接受的光的波长是从一英寸的 1 600 万分之一到 3 200 万分之一。然而无论是声音还是光(严格地说,后者是电磁波)都是存在的,虽远远超出我们的感官所能及的范围,却是物理上实在的。即使白光也不是白色的,而是如牛顿所证明的,是许多不同频率的光的复合。眼睛只是记录了这个复合。事实上,物理世界本来没有颜色。正如歌德所言,颜色乃是我们所见。

我们永不能直接知觉物理客体,我们所知觉的只是感觉资料。不管客观实在能否为我们的能力所及,我们的感官在呈现的,总非客观实在的忠实影像,而是人与实在之间关系的影像。

然而,人类宣称,除了感官,我们还拥有确实可靠的直觉。让我们来看看人类的直觉有多可靠。

假设某人以每小时 60 英里的速度驾车从纽约城到水牛城(相距 400 英里),然后又以每小时 30 英里的速度返回。平均速度是多少？几乎可以肯定直觉会告诉我们，平均速度是每小时45 英里。正确的答案是通过总距离除以总时间得到的，大约每小时 40 英里。

让我们再来考察备受推崇的直觉能力的实例。假设以百分之 i 的复利在银行里存上 P 美元钱，存在那里直到总数加倍。再假设 n 年后就加了倍。如果某人以同样的利率存上 $2P$ 美元，似乎有理由认为将在少于 n 年的时间里加倍。实际上 P 和 $2P$ 加倍需要同样多的年数。

假设一人在水流速度为每小时 3 英里的河里溯流划行了 2 英里又顺流划行了 2 英里。假设此人在静止的水中每小时能够划行 5 英里，他的整个行程需要多长时间？直觉显示，水流在顺流时的助益会和溯流时的阻碍抵消。因而此人是以每小时 5 英里的速度划行 4 英里，而总时间将是 4/5 小时。实际上直觉错了，总时间是 $1\frac{1}{4}$ 小时。

假设一人在 1 夸脱杜松子酒中加上 1 夸脱苦艾酒来做可口的马提尼酒。人们可能会期待得到 2 夸脱马提尼。正确的答案是 $1\frac{9}{10}$ 夸脱，这当然是直觉捕捉不到的。同样，5 品脱的水加上 7 品脱的酒精也得不到 12 品脱的混合物。在这两种情况下有分子的结合发生。

让我们来考察时间问题。我们能够谈论给定的某一秒后的下一秒。一秒钟只是时间的延续。直觉告诉我们紧接着某一给定的刹那有一时刻。我们用时刻来表示没有时间延续，例如当钟表报时一点时的一时刻。但是考察一下伊利亚的芝诺（Zeno of Elea，公元前 5 世纪）提出的悖论。飞行中的箭在任一时刻位于一位置，而在下一时刻位于另一位置，箭怎么会有时间到达下一位置?

我们再来考察与此相关的另一时间问题。钟表在 5 秒钟中响了 6 声,响 12 声需要多长时间? 看起来似乎是 10 秒钟。然而,在 6 响中有 5 个间隔,在 12 响中有 11 个间隔。因而正确的答案是 11,而不是 10。

我们再来考察直觉失败的另一些实例。两长方形有同样的周长,它们必有同样的面积吗? 看起来似乎是。然而稍加运算就会知道事实并非如此。那么,在具有同样周长的所有长方形中,哪一个面积最大? 如果用栅栏围起一长方形的土地,用此地来种植,面积最大的长方形最好。答案是正方形。

两个同样体积的盒子。一个盒子六面的总面积一定和另一个的总面积相等吗? 假设每一个盒子的体积是 100 立方英尺。长宽高可以是 50、1、2 英尺,也可以是 5、5、4 英尺。而表面积分别是 204、130 平方英尺。很清楚,差异大得惊人。

直觉失败的另一例证是一年轻人在两份工作中选择。每一份工作的底薪都是年薪 1 800 美元。但第一份每年加薪 200 美元,而第二份每半年加薪 50 美元。选哪一份工作呢? 人们也许会认为答案是明显的。每年加薪 200 美元看起来比每年似乎总共加薪 100 美元要好。不过我们来作点运算,考虑六个月每份工作的薪金。第一份工作的薪金分别是 900、900、1 000、1 000、1 100、1 100、1 200、1 200……每半年加薪 50 美元的第二份工作的薪金分别是 900、950、1 000、1 050、1 100、1 150、1 200、1 250……

从两列薪金的对比中清楚可见,第二份工作在每年的后半年有更好的收入,而在前半年和第一份工作收入相同。第二份工作更好。运用数学更容易明白为什么第二份工作更好。每半年加薪 50 美元意味着薪金将以每六个月 50 美元的变化率或者每年 100 美元的变化率提高,因为收益者将每六个月多得 50 美元。因而每年两次这样的增加与一次以每年 200 美元的变化率增加相等。至此两份工作似乎同样好。然而,第二份工作中增加从第一个半年开始,而第一份工作中直到一年后才开始增加。因而第二份工作的薪金将在每年的后半年更多。

我们来考虑另一个简单的问题。假设一商人卖苹果 5 美分两个,卖橘子 5 美分 3 个。每次卖时不得不做大量的计算使他有点不耐烦,他决定把苹果和橘子混在一起,以 10 美分的价格卖任 5 个水果。这个举动似乎是合理的,因为如果他卖了两个苹果 3 个橘子,他正好卖了 5 个水果得到 10 美分。现在他可以每个水果收两美分,每次卖时他的数学计算就简单了。

这个商人是在欺骗自己。为快速检验,我们假设他有一打苹果和一打橘子要卖。如果他按 5 美分两个的正常价格卖苹果,卖掉一打将得到 30 美分。如果他按 5 美分 3 个的价格卖橘子,卖掉一打将得到 20 美分。他的总收益是 50 美分。然而,如果他以 10 美分 5 个的价格卖掉 24 个水果,每个他得到两美分,总共 48 美分。

损失归咎于这商人的错误推理。他认定苹果和橘子的平均价格应是每个两美分。然而,每个苹果的平均价格是 $2\frac{1}{2}$ 美分,每个橘子的平均价格是 $1\frac{2}{3}$ 美分。两者的平均价格是 $2\frac{1}{12}$ 美分,而不是两美分。

接下来我们来考虑另一种常见的错误直觉。假设我们有一圆形的花园,半径为 10 英尺。我们想建一栅栏保护花园,栅栏在每一点上都要超出花园边界 1 英尺。栅栏比花园本身的周长长多少? 答案很容易得到。花园的周长可由一几何学公式给出,公式是周长等于半径的 2π 倍,π 大约等于 22/7。因而花园

的周长是 $2\pi \times 10$。栅栏超出花园 1 英尺的条件意味着栅栏的半径应是 11 英尺。因而栅栏的长度是 $2\pi \times 11$。两者周长的差是 $22\pi - 20\pi$ 即 2π。所以,栅栏应比花园的周长长 2π 英尺。到此为止没有什么特别的。

现在我们来考虑一个相关的问题。假设我们要建造一条围绕地球的公路——这对于现代的工程师来说是小事一桩——并且要求全程公路高于地球表面一英尺。公路比地球的周长长多少? 在计算数值之前让我们运用自己的直觉来估算一下。地球的半径大约是 4 000 英里即 21 120 000 英尺。既然这半径大约是上述花园半径的 200 万倍,我们可能会预期公路的额外长度应是围绕花园的栅栏的额外长度的 200 万倍。后者的数值恰好是 2π 英尺。因而对公路额外长度的直觉推算似乎会得到数值 $2\ 000\ 000 \times 2\pi$ 英尺。不管你是否同意这种推算,几乎可以肯定你会估算公路的长度将比地球的周长大得多。

运用一点数学就会知道真实情形。为避免计算大数字,我们设地球的半径为 r,则地球的周长为 $2\pi r$。公路的周长或者说长度为 $2\pi(r+1)$。后者等于 $2\pi r + 2\pi$。因而公路长度和地球周长的差恰好是 2π 英尺,正好和栅栏长度与花园周长的差相等,虽然公路围绕巨大的地球而栅栏是围绕小小的花园。事实上,数学能告诉我们更多。不管 r 的值是多少,差 $2\pi(r+1) - 2\pi r$ 总是 2π。这意味着,如果外圆在每一点上距内圆一英尺,外圆的周长总是比内圆的周长恰好大 2π。

还有许多情况,直觉会发生失误。一个距一棵树有一段距离的人注意到一只苹果要落下,想用来复枪击中苹果。他知道当子弹到达苹果时,苹果已落下一段距离。那么他应当瞄准低于苹果的某点以击中它吗? 不,他应该瞄准苹果开火。因为在子弹飞行过程中,苹果和子弹都落下同样的距离。

作为直觉易于发生错误的最后一个例子,让我们假定在一次网球联赛中,有 136 名参赛者,组织者想安排最小数量的比赛选出获胜者。他需要安排多少场?直觉似乎是无用的。答案是 135 场。因为每个竞争者必须被击败一次,而一旦被击败就被排除。

为什么易产生感官错觉和错误直觉?考察各种感觉器官的生理机制就能揭示感官错觉。就我们的目的来说,我们需要知道的只是,人的感觉器官和大脑是复杂的。至于直觉,实际上是经验、感官印象和粗略猜想的结合;至多能说是浓缩的经验。随后的分析或实验会证实或反驳它。直觉曾被描述为只是根植于心理惰性的习惯力量。

当我们谈论知觉上确定的东西时,我们预设了知觉和知觉者的分离。但这是不可能的,因为没有知觉者就不会有知觉。那么什么是客观的?我们也许会天真地以为所有的知觉者都同意的就是客观的。有一个太阳和一个月亮,太阳是黄的,月亮是蓝的。

亥姆霍兹(Helmholtz)在其《生理光学手册》(*The Handbook of Physiological Optics*, 1896)中写道:

> 很容易看出,我们归于它们(外部世界的客体)的所有性质,只是它们在我们的感官上或者在其他外部客体上产生的效果。颜色、声音、味道、气味、温度、平滑和质实属于第一类,它们是在我们的感觉器官上产生的效果。同样,化学性质与反应有关,即与所研究的自然客体在其他自然客体上作用的效果有关。物体的物理性质如光学的、电学的、磁学的性质也是这样。由此可以推出,事实上自然界中客体的性质,并不如其名称显示的那样属于客体自身,而总是表示和另一个物体的(包括我们的感觉器官)的关系。

避免错觉和错误的直觉,我们应求助于什么? 最有效的答案是运用数学。这如何有效还有待于考察。我们主要关心的是要表明,我们的物理世界中有一些现象和我们通过感官知觉到的现象一样实在,不过是超感觉的或者根本不能知觉;事实上,在当今的文化中我们利用和依赖这些超感觉的实在现象,至少和我们依赖于感官知觉一样,甚至有过于依赖感官知觉。这并不是说数学不利用知觉和直觉作为自己发展的提示。然而,数学超越了这些提示,正如金刚石超越了玻璃。关于我们的物理世界,数学所揭示的远比苍穹的奇观更令人惊异。

第2章
数学的兴起和作用

在每门具体的自然科学中,有多少数学存在,就有多少严格的科学。

康德

诸神没有从一开始就揭示一切,但是人寻求并且终究会获知更多。

克塞诺芬尼

衣服经常暴露了穿衣人。

莎士比亚

尽管通过我们的感官得到的信息已经过实验细致的观察、度量、检验,尽管我们现在能够借望远镜、显微镜、勘探仪和非常准确的度量设备之助,然而这样得到的知识仍然是有限的,并且只是近似准确的。虽然关于行星的数量、行星上卫星的存在、太阳黑子和利用罗盘导航,我们已经知道得很多了。然而,与那些我们需要、想要研究的现象的多样性和重要性比起来,所知道的知识都是微不足道的。

增长和增进我们关于物理世界的知识的关键、有力、决定性的一步是数学的运用。这一工具的作用远优于上章所描述的手段,可称之为最佳的甚至奇迹般的。它不但校正和增长我们关于可知觉现象的知识,而且可以揭示活生生的但根本不能知觉的现象,而这些现象的效果像触摸火炉一样实在。有一些物理幽灵存在于我们的日常生活中,这是无可怀疑的。它们的存在是如何被揭示出来的,将是我们下面要讨论的焦点。

在西欧和美洲受过教育的人,对于数学的本性及其日常运用是耳熟能详的,甚至可以说是习以为常。我们通常将西欧数学的源头追溯到巴比伦文明和古埃及文明。甚至这些文明也从公元前 3000 年起积累了一些有用而不相互关联的规则和公式,以解决人们在日常生活中碰到的实际问题。这些民族并没有认识到利用数学的力量扩展感官所揭示的以外的关于自然的知识。他们的数学可看成是化学之前的炼金术。

数学作为一种逻辑发展和认识自然的工具,是希腊人的创造。大约公元前 600 年他们开始认真地研究。希腊人如何、为何形成数学这一新概念并认识到数学这一新作用,关于这方面的公元前 6 世纪、前 5 世纪的文献没有保存下来。我们只有历史学家的推测。其中一位叙述道,希腊人发现巴比伦人和古埃及人的著作中关于圆面积的结果互相矛盾,不得不决断哪一个是正确的。其他的论题也有类似的矛盾。另一种解释引证了希腊人的哲学兴趣,但这种建议引起的问题比它回答的问题更多。还有一种解释认为演绎数学来源于亚里士多德逻辑,后者产生于政治和社会问题的论争。但希腊数学的产生早于亚里士多德。

也许能够断言的是,自公元前 6 世纪以来希腊人有了一种洞察,其精义是:自然是理性地设计的,所有的自然现象都遵循一个精确不变的计划,可以说是数学计划。人类的心智有高超的能力,如果将这种能力用于研究自然,就能辨认出理性的数学模式,并且该模式变得可理解。

不管怎么说,希腊人是有勇气和天才对自然现象作出推理解释的第一个民族。希腊人具有追寻和探险的兴奋。在探险的同时他们制作了地图,如欧几里得几何学,以便其他人能够迅速发现到达前沿的路径,帮助征服新的地带。

虽然我们有可靠的历史根据,证明生活于小亚细亚的希腊城邦米利都的泰勒斯(约公元前 640—前 546)证明了欧几里得几何学的几个定理,但是缺乏文献,因而认为他根据逻辑手段证明定理,也是可疑的。然而可以肯定的是他和同时代的小亚细亚人对自然的设计作了推测。

我们能够更加确信的是,毕达哥拉斯学派(公元前 6 世纪的神秘宗教组织)确定,自然的理性设计使用了数学。物理上多种多样的自然现象显示了相同的数学性质,这一事实触动了毕达哥拉斯学派。月亮和橡胶球具有同样的形状及球形所共有的其他性质。在多元性背后存在着数学关系,数学关系必是现象的本质,这不是很明显的吗?

具体来说,毕达哥拉斯学派在数和数的关系中发现了这种本质。数是描述自然的第一原理,是宇宙的质料和形式。据称毕达哥拉斯学派相信"一切都是数"。毕达哥拉斯学派将数看成点(也许对他们来说是微粒),将点排列成图式,每一个图式代表了一真实客体。当我们考虑到这些时,它们的信念就更加可理解了。这样组合

和

被称为三角形和正方形的数,可能被认为代表了三角形和正方形的客体。无疑,随着毕达哥拉斯学派发展和精炼了自己的教义,他们开始将数理解为抽象概念而将物理客体理解为其具体实现。

据信,毕达哥拉斯学派将音乐还原为数之间的简单关系,这是由于他们发现了两个事实。

第一个,拨动一琴弦产生的声音取决于琴弦的长度;第二个,和谐的声音产生于长度可表示为整数比的琴弦。例如,拨动两条同样紧张着的琴弦,一条长度是另一条的两倍,就能产生谐音。这两个乐音之间的距离现在叫做八度音程。拨动两条长度比为 3∶2 的琴弦,就能形成另一组谐音。在这种情形中,短弦所发的乐音叫做长弦所发音之上的第五音。的确,在每一个谐音中,所拨动琴弦的相对长度都可以表示为整数比。

毕达哥拉斯学派还将行星的运动"还原"为数的关系。他们相信在太空中运动的物体产生声音,并且运动快的物体比运动慢的发出更高的声音。也许这些观念受绳子末端旋转的物体的嗖嗖声的启发。根据毕达哥拉斯学派的天文学,行星离地球的距离越远,就运动得越快。因而行星产生的声音随它们离地球的距离而变化,而且这些声音都已和谐化。但是这种天体的音乐,像所有的谐音一样,可还原为数的关系,因而行星的运动也是这样。

自然的其他特征也被还原为数。1、2、3、4,这四元特别受到推崇。据称,毕达哥拉斯学派的誓言为:"我以我们灵魂所领受的四元的名义起誓。满溢的自然之根源包含于其中。"自然由四元组成,例如几何学的四元素(点、线、面、体),以及柏拉图后来所强调的四种物质元素(地、气、火、水)。

四元中的 4 个数加起来等于 10,所以 10 是理想的数,代表了宇宙。因为 10 是理想的，天空中必有 10 个物体。为具体说明所需要的物体的数量，毕达哥拉斯学派引入了居于中央的火，地球、太阳、月亮和当时所知的 5 个行星围绕着火旋转，在中央火的对面还有一个反地球。无论是中央火还是反地球都不可见，因为地球上我们居住的地区正好和它们相背。就这样毕达哥拉斯学派建立了基于数的关系的天文学理论。

通过这些例子我们就可以理解公元前 5 世纪著名的毕达哥拉斯主义者菲罗劳斯的下述论断：

> 如果没有数及其本性，存在之物无论就其自身来说还是就其与他物之间的关系来说，都不会为人明白。你会观察到数的力量不但在神魔的事务中起作用，而且在人的所有行为和思想中，在所有的技艺和音乐中，都起作用。

毕达哥拉斯学派的自然哲学很难说是根基稳固的。而且，毕达哥拉斯学派并没有扩展物理科学的任何分支。公正地说，他们的理论是肤浅的。不过，由于巧合或凭直觉的天才，毕达哥拉斯学派提出了后来证明非常重要的两条论断：第一条是，自然是根据数学原理建立的；第二条是，数的关系居于自然秩序背后，统一、揭示自然秩序。

原子论者留基伯（Leucippus，约公元前 440）和德谟克里特（Democritus，约公元前 460—前 370）也力陈数学的重要性，他们相信所有的物质都由位置、大小和形状不同的原子组成。位置、大小和形状是原子的物理上真实的性质。所有其他的性质如味道、热度和颜色都不在原子中，而在于原子对知觉者产生的效果。这种感性知识是不可靠的，因为它随知觉者不同而变化。像毕达哥拉斯学派一样，原子论者宣称，居于物理世界常变之貌背后的实在可用数学来表达。这样，这个世界中所发生的事件由数学定律严格决定。

希腊人柏拉图最有效地推广了对自然的数学研究。他接受了一些毕达哥拉斯学派的教义,不过,他自己就是一位大师,在意义重大的公元前 4 世纪主导了希腊思想。他是雅典学院的奠基者。这一学术中心吸引了那个时代的思想精英,并延续了900 年。柏拉图的观点清楚表达在其对话录《费力布篇》(Philebus)中。我们已经提到(参见《历史概观》(Historical Overview)),柏拉图认为真实世界是根据数学设计的。我们通过感官所知觉到的是真实世界不完美的再现。实在和物理世界的可理解性只有通过数学才能把握,因为"神永恒地将一切几何学化"。柏拉图比毕达哥拉斯学派走得更远,因为他不但想通过数学来理解自然,而且想超越自然来把握理想的、数学化组织的世界,他相信这才是真正的实在。感觉的、不长久的、不完美的要以抽象的、永恒的、完美的来代替。他希望几个具有穿透力的观察提示基本的真理,然后通过理性来展开它们;这时,就不需要进一步的观察了。从此以后,自然将全部被数学代替。的确,他批评毕达哥拉斯学派,因为他们研究听到的谐音的数,但从来没有达到数自身的自然和谐。对于柏拉图来说,数学不仅是理型和感觉之物之间的中介;数学秩序是实在本性的真正描述。柏拉图还奠定了公理演绎方法的原则(我们随后将讨论)。他将这种方法看成是将知识系统化并到达新知识的理想途径。

柏拉图最主要的继承人大力提倡探索数学,以研究和获得关于物理世界的真正的知识。尽管关于数学和真实世界的关系,亚里士多德及其追随者与柏拉图主义者有些不同,其学派也阐述和主张自然的数学图式(design of nature)。亚里士多德断言数学抽象是从物质世界中得出的;然而其著作中没有任何段落主张将数学作为感性知识的校正或扩展。他的确相信天体的运动是数学化设计的,但是,从根本上说,数学规律只是对事件的描述。对于亚里士多德来说,事件的终极原因或者说事件的目的,即目的论教义,才是最重要的。

当亚历山大大帝(Alexander the Great,公元前 356—前 323)开始征服世界时,他将希腊的世界中心从雅典转移到一个埃及城市,他谦虚地为其命名为亚历山大城。正是在亚历山大城欧几里得写下了第一部值得纪念的数学知识文献——经典的《几何原本》(Elements)。普遍认为,证明这一形式在这本书中第一次登场。欧几里得还写了力学、光学和音乐论文,其中数学是核心。数学是为人所知的物理世界所包含之物的理想描述。他的一些定理确实提供了几何形状和整数性质的新知识。然而,由于没有欧几里得的原始手稿,我们不知道究竟新知识是他的目标呢,还是主要关注感性知识的可靠性。不管怎么说,他是其他数学创造者的引路人。

亚历山大里亚时期(约公元前 300—公元 600)的希腊人对数学的贡献几乎是不可估量的。例如,阿波罗尼乌斯(Apollonius,公元前 262—前 190)的巨著《圆锥曲线》(Conic Sections),阿基米德关于数学和力学许多领域的各种一流著作,希帕库斯、麦乃劳斯和托勒密(Ptolemy,公元 85—165)的三角几何著作以及在后期(公元 250)狄奥范图斯的算术著作。像欧几里得的著作一样,所有这些著作都对物理世界的客体、关系和现象给予了理想描述,扩展了我们的知识。

希腊文明因罗马人和伊斯兰教徒的征服而被摧毁,随着它的终结,欧洲进入了中世纪,从大约公元 500 年到公元 1500 年延续了 1000 年。这种文化由天主教会统治,教会将尘世的生活放在从属地位,以便为天国中的来生做准备。结果,无论是用数学或其他任何手段研究自然,都受到贬低。不过,一些个人或团体（罗伯特·格罗塞泰斯特、罗杰·培根、约翰·派坎以及牛津的默顿学派——其成员包括奥康姆的威廉、托马斯·布劳德沃丁、巴斯的阿布拉德、查特斯的斯里和康彻斯的威廉）的确做了一些努力，继续数学和物理研究。他们相信，数学是物理现象的真实描述。还有一些，如阿布拉德和斯里因坚持实验技巧而知名。所有这些思想家都相信宇宙从根本上说是理性的，数学推理能够产生关于它的知识。我们也不应忽视这个时期印度和阿拉伯的贡献，这些成果逐渐被吸收到数学知识的主体中。

我们主要关注的近代，可看作始于公元 1500 年。16 世纪因文艺复兴即希腊思想的再生而常常引人注目。究竟希腊手稿如何到达文艺复兴的中心意大利，与我们的论述无关。我们只是说希腊观点迷住了欧洲人，这就够了。

一般地说欧洲人对于新的力量和影响并没有立刻产生反应。在经常被称作"人文"的时期，对希腊著作的研究比主动追求希腊人的目标更典型。到大约公元 1500 年，欧洲人的头脑注满了希腊人的目标——利用理性研究自然，探求作为其基础的数学图式，开始活跃。然而他们面临一个严峻的问题：希腊人的目标与当时占统治地位的文化相冲突。希腊人相信自然的数学图式的存在，自然永远不变地遵循理想的蓝图；而中世纪后期的思想家将所有的计划和行动归结到基督教上帝。他是设计者和创造者，自然的一切行为都遵循他定下的蓝图。宇宙是上帝一手开创的，受制于他的意志。文艺复兴时期和随后几个世纪的数学家和科学家是正统的基督教徒，因而接受了这一教义。但天主教教理决不包括自然的数学图式的希腊教义。那么理解上帝之宇宙的企图是如何与探求自然的数学规律相协调呢？答案是增加一条新的教义——基督教上帝根据数学设计了宇宙。这样，"企图理解上帝的意志及其创造物是最重要的"这一天主教教义,变成了探求上帝对自然的数学设计。正如我们随后将见到的,16 世纪、17 世纪和多数 18 世纪的数学家的工作是一种宗教追求。探求自然的数学规律是一种献身行为,会揭示上帝的创造物的荣耀和伟大。

这样,数学知识,即关于上帝的宇宙设计的真理,变得和圣经一样神圣不可侵犯。人类不能希冀跟上帝一样清楚地理解神圣的计划。但人至少可以怀着谦卑和谦逊寻求接近上帝的心智,从而理解上帝的世界。

还可以更进一步断言,这些数学家确信作为自然现象之基础的数学规律的存在,并坚持探求它们,是因为他们相信上帝将数学规律结合到宇宙的建造中。每一个自然规律的发现都被欢呼为上帝智慧之光的证据,而不是研究者才智的证据。数学家和科学家的信念和态度传遍了文艺复兴的欧洲。新近发现的希腊著作面对着非常虔诚的基督教世界,生在一个世界而被另一世界所吸引的思想领袖融合了两者的思想。

随着这种智性热情,另一个教义——回到自然中去——的观念获得了支持。科学家都放弃了以意义含混、与经验无关的教条式的原则为基础作无穷无尽的推理,而将自然自身作为知识的真正源泉。确实,到 1600 年,欧洲人被激励去从事经常被称为科学革命的事业。几个事件激发或者加速了这一运动:地理学探险发现了新的陆地和新的民族;望远镜和显微镜的发明揭示了新现象;罗盘辅助导航;哥白尼提出的日心说刺激了关于行星系统的新思想;清教徒革命向天主教教义挑战。数学不久重新获得了自然之钥的地位。

我们对现代欧洲数学的历史背景的简述意在表明,我们在随后章节主要探讨的数学及其在研究自然中的运用,并不是像晴空霹雳一样突然诞生的。初等数学提供了校正和扩展我们知觉的知识。不过,我们关注的不是初等数学,而是在解释和描述感官不容易获得或根本不能获得的现象时,数学所取得的成就。就这个目的来说,我们不需要研究和精通数学技巧,而理解数学如何再现物理现象并使我们获得关于这些现象的知识是最主要的。

什么是数学方法的精髓? 首先是基本概念的引入。有些是直接得到物质或物理客体的启发,例如点、线、整数。除了基本概念,事实上,数学由源于人类心智深处的概念主导,例如,负数、代表数的集合的字母、复数、函数、各种曲线、无穷数列、变分、微分方程、矩阵和群以及高维空间。

上述有些概念完全缺乏直觉意义。还有一些的确有物理的直觉基础,如导数,即瞬时变化率。然而,尽管它与速度的物理现象有关,导数更是一种智力构造,从质上说,与数学上的三角形是完全不同的一种概念。

在整个数学史上,新概念开始时总受到怀疑。甚至负数概念起初也被严肃的数学家抛弃。然而随着它的用途在应用中变得明显,每个新概念都被勉强接受了。

数学的第二个本质特征是抽象。在《理想国》中,柏拉图在谈到几何学家时说道:

> 尽管他们利用可见的形状,并就此推理,但他们所想的不是这些,而是与这些形状相似的理型:所想的不是所画的图形,而是绝对的正方形和绝对的直径……他们其实在寻求看见事物本身,而这些只能通过心智之眼才能见到。你不知道这些吗?

要使数学有力量,它必须在一个抽象概念中涵盖那个概念所涉及的所有物理实体的本质特征。这样,数学上的直线必须涵盖拉紧的琴弦、直尺的边、田地的边界和光线的路径。

　　概念是抽象物,可以最基本的概念——数——为例。认识不到这一点会导致混乱。一个简单的情景可用于说明这一点。一个人走进一鞋店买 3 双鞋,每双鞋的价格是 20 美元。店员说 3 双鞋需要 60 美元,等着顾客给他钱。但顾客回答说,每双鞋 20 美元,3 双鞋的价格不是 60 美元,而是 60 双鞋。他向店员要 60 双鞋。顾客这样做对吗? 和店员同样正确。如果鞋的双数乘以美元得出美元,那么同样的计算为什么不能得出鞋的双数? 回答是我们并没有将鞋乘以美元。我们从实际情境中抽象出数 3 和 20,相乘得到 60,然后再解释这个结果来适用实际情境。

　　数学的另一特征是理想化。数学家在研究直线时有意忽略粉笔线的宽度来加以理想化,或者在一些问题中将地球看成是一个完美的球形。理想化自身并不严重地偏离实在,但在用于实在时,它确实存在这个问题,即要研究的真实的粒子或路径是否和其理想化足够接近。

　　数学最显著的特征是其运用的推理方法。基础是一套公理,并运用演绎推理于其上。公理一词(axiom)来源于希腊文,意思是“认为有价值”。希腊人引入了公理概念,即如此自明的真理,没人能够怀疑它。柏拉图的“回忆说”断言,当人作为灵魂存在于真理的客观世界中时,就先天熟悉了真理,几何学的公理代表了对先前所知的真理的回忆。亚里士多德在《后分析篇》(*Posterior Analytics*)中坚持,根据我们不会出错的直觉可知公理为真。而且,我们必须有这些真理,我们的推理就基于其上。相反,如果推理要用不能确定为真理的事实,就需要进一步推理来确认这些事实,这一过程不得不无穷地重复下去。亚里士多德还指出,有些概念不能给出定义,否则就无起点可言。今天,像点、直线这样的术语是不定义的,它们的意义和性质取决于规定其性质的公理。

　　数学所处理的许多概念是由人的头脑发明的。关于这些概念的公理也发明出来,以适合这些概念揭示的实在意义。如此,关于负数和复数的公理必然与关于正数的公理不同,或者至少后者应加以推广以包括负数和复数。新概念非常微妙,有些数学分支建立起来很久,才建立起正确的公理基础。

　　除了数学公理,一些物理知识也起到了同样的作用。这可以采取物理公理的形式,如牛顿的运动定律,实验观测的概括,或者纯粹只是直觉。这些物理假设是用数学语言表述的,所以数学公理和定理可用于其上。

　　不管概念和公理多么根本,从公理得出的推论允许我们获得全新的知识,以校正我们的感官知觉。在许多类型的推理中——如归纳、类比和演绎——只有演绎推理能保证结论的正确性。因为发现 1000 个苹果是红的就得出结论说所有的苹果都是红的,这是归纳推理,因而是不可靠的。同样,约翰和他的孪生弟兄继承了同样的天赋,如果因为后者大学毕业就断定前者也应如此,这种论证是类比推理,当然不可靠。与此相反,尽管演绎推理可采取多种形式,却能保证结论的正确。这样,如果承认所有的人是会死的,而苏格拉底是人,就必须承认苏格拉底是会死的。这里涉及的逻辑原理是亚里士多德称为三段论的推理形式。在演绎推理的规律中,亚里士多德还加入了矛盾律(一个命题不能同时既真又假)和排中律(一个命题必须在真和假中择一)。

　　他和世人毫不质疑地接受,这些演绎原理用于任何前提时得出的结论和前提同样可靠。因而,如果前提是真理,结论也是。值得注意的是,亚里士多德是从数学家已实行的推理中抽象出这些演绎推理原理。事实上,演绎推理是数学之子。

我们必须理解演绎证明是多么重要。对于偶数我们验证多少次都会发现，每个偶数都是两质数之和。然而，我们不能断言这一结果是数学定理，因为它不是根据演绎证明得出的。同样，假设一个科学家要度量 100 个在不同地点具有不同大小和形状的三角形的角之和，发现在实验精确度的限度内，和都是 180°。然而，不仅度量是近似的，还存在一个问题：是否没有度量过的某个三角形会产生显著不同的结果。科学家的归纳证明在数学上是不可接受的。相反，数学家从可靠的事实或公理开始。如果相等数加上相等数，和相等，这谁能怀疑？通过这些无可置疑的公理，可以演绎证明，任一三角形的角之和都是 180°。

我们刚才描述的演绎过程是利用逻辑来为推理辩护。直到现在所运用的还是亚里士多德逻辑。我们可以追问为什么应用逻辑得出的结论可应用于自然，为什么由蹲在密闭空间中的人类大脑推出的定理，像在许多情形中只是由人类头脑指示的公理一样，可应用于真实世界？我们将在第 12 章回到为什么数学有效这个问题。

我们还需要提及数学的另一个重要特征——符号体系的运用。尽管一页数学符号很难说是吸引人的，然而毫无疑问，如果没有符号体系，数学将迷失在文字的荒原中。在大量的日常简写中，我们都用符号。例如我们用 N. Y. 来表示纽约。尽管这些符号的意义需要学习，毫无疑问符号体系的简洁有助于理解，而用语言来表达将会使头脑负担过重。

数学家得出关于物理世界的事实的方法，一言以蔽之，即为种种真实的现象建立模型。概念，通常是理想化的（无论从观察自然中得出还是由人类的头脑提供）；公理，也可以由物理事实或人类头脑提示；直觉、理想化、概括和抽象的过程都用于建立模型。当然，还有证明，使模型的各组成成分牢固结合。人们最熟悉的模型是欧几里得几何学,不过我们将考察许多更精致复杂、更巧妙的模型,比起欧几里得几何学来,这些模型关于这不明显的现象提供远远多于前者的信息。

我们的目的,是看看数学如何稳健地进入现代世界,不仅作为我们的不完美的感觉的校正方法,尤其作为扩展人类所能获得的关于世界的知识的方法。正如汉姆雷特所说:"贺拉修,在天国中和大地上,有比你的哲学之梦更多的事物。"我们必须超越感觉知识。与感官知觉相反,数学的精髓,在于它利用人类头脑和人类推理来产生关于物理世界的知识;而即使西方文化中的普通人,也相信数学是完全运用感官知觉得到的。

在《科学与近代世界中》(*Science and the Modern World*),阿尔夫雷德·诺斯·怀特海(Alfred North Whitehead)强调了数学在探索物理世界中的重要性:

> 随着数学不断退居于越来越抽象的思想的更高地带,它返回地面时对于分析具体事实却具有不断增长的重要性……这一悖论现已完全确立,即极度的抽象是控制我们思考具体事实的真正武器。

20世纪的首席数学家大卫·希尔伯特(David Hilbert)也这样评论道,现在物理学是如此重要,不能全留给物理学家去研究。

第3章
希腊人的天文学世界

> 苏格拉底:很好,普罗塔库斯,让我们以一个问题开始。
>
> 普罗塔库斯:什么问题?
>
> 苏格拉底:这个宇宙是听任非理性和偶然性的导引,还是相反,如我们的祖先宣称,由奇妙的智性和智慧赋予秩序,并为其主宰。
>
> 普罗塔库斯:这两个论断相差何止千里,杰出的苏格拉底。你刚对我说的前一个论断似乎是亵渎神灵,而另一个论断,即智性赋予一切秩序,是适合此世界之壮观的。
>
> 柏拉图:《费雷布篇》

众所周知,希腊人的天文学理论没有留存下来。然而,这些理论是数学理解所知觉的世界的最早的基本范例。而且,将哥白尼和开普勒开创的天文学革命与先前的理论比照,就更能理解这一革命之巨大。

这里主要关注数学对不可知觉的物理世界所揭示出来的,

或者说这样的世界只能如此不充分地知觉,以至于我们的知觉成了物理上真实有意义之实在的粗糙错误的表象。在数学这样的应用中,希腊人在数学天文学中尤其优异,为更成功的数学理论铺好了路。

他们强调天文学研究的基本理由是,天空呈现了最复杂的运动,至少就人眼所能辨认出的来说是如此。古希腊没有望远镜,即使有,在确定天体运动的模式时也不够。星辰和类似星辰的物体的出现、消失、再出现,是令人不安和神秘的。

尽管希腊人没有提出现今这样的数学天文学,但他们草创了它,而且为替代它的理论提供了启示。对宇宙现象的真正的数学推理和理解起始于希腊人。

即使在最原始的社会中也的确存在着对于天体的兴趣。太阳的光和热,太阳和月亮常带的颜色,在一年的不同时间出现和消失的行星的亮光,天河令人惊异的光的全景以及日月食,引起了诧异、欣赏和推测,有些情形还引起了恐惧。然而,在前希腊时代,关于这些现象的任何可称为精确的知识,都仅限于太阳和月亮的旋转周期,以及一些行星、恒星出现和消失的时间。不幸的是,这些信息不足以得出这些物体的大小和距离的估算,更不用说提供其相对运动的描述了。

埃及人和巴比伦人主要观测了太阳和月亮运动,部分是为了历法计算,部分是为了获得季节更替的知识,而这对于农业来说是重要的。然而,无论这两个民族还是其他先于希腊的文化都没有构造出天体运动的综合描述。当然,他们缺乏所需的数学知识,没有真正有效的观测工具。天体的复杂行为对他们隐藏了所有蓝图、秩序和规律的指示。自然看起来变化莫测、神秘不测。

希腊人的思路与此不同,受他们对知识的渴望和对理性的热爱的驱使,他们相信考察自然的行为将揭示出天体运动的固有秩序。我们将会看到,许多希腊天文学家提出并为之辩护的观念最终成为现代宇宙学的组成部分。这一宇宙学不是单个天才的成果。要说天才的话,它是一系列天才的业绩。

研究天象始于米利都,这是小亚细亚西边界伊奥尼亚 12 个城邦中最南端的一个。这里,在公元前 6 世纪,各方面因素的最佳结合解放了人的智力,以参与快乐、常常是危险的玄思活动。工业与贸易给这个城邦带来了富庶,其居民舒适悠闲。市民旅游广泛,从埃及、巴比伦和其他地方吸收了丰富的东方思想。米利都人将他们的物质繁荣看成是不需诸神之助就能有所成就的证据。渐渐地,一些有勇气之士敢于相信,宇宙自身是一个可理解的整体,可为人的心智所理解。

泰勒斯(Thales)享有西方传统中的第一位科学家和第一位哲学家的双重荣誉。他观察星辰时落入沟中的故事证明了他对研究天象的献身精神。据说他因预言了公元前 585 年的日食而享有盛誉,不过现代历史学家对此表示怀疑。

泰勒斯的后继者阿那克西曼德(Anaximander,公元前 611—前 549)和阿那克西美尼(Anaximenes,公元前 570—前 480)继续推测并提出关于宇宙的基本物质及其结构的理论。不过在这些推测中,数学并没有起到根本的作用。缺乏仪器,也没有确立起一套方法,这些科学家对于天体的本性和它们离地球的距离只能猜测。这样一来,即使阿那克西曼德也假设恒星比太阳和月亮离我们更近。也没有提及现代意义上的行星;这些"漫游者"(planet 一词在希腊文中的意思是漫游者)被看成是在本质上和其他星星一样。

无论如何,泰勒斯和它的伊奥尼亚同行比先于希腊文明的思想远远进步。至少这些人敢于探索宇宙,拒绝求助于诸神、精

灵、魔鬼、天使以及其他的理性所不能接受的作用者。他们的物
质和客观解释以及理性的方法,使得诗歌的、神话和超自然的描
述中的富于幻想而无批判的解释不再可信。富有才智的直觉探
索了宇宙的本性,而理性则为这些洞察辩护。

在希腊哲学和科学中,第二个巨人是毕达哥拉斯(Pythago-
ras,公元前 6 世纪)。毕达哥拉斯生于米利都近旁的萨摩斯岛。
通过 30 年的游历他开阔了自己的视野,为逃避暴政而逃离萨摩
斯岛,最后在大约 50 岁的时候,来到意大利的克罗陶那。在那
里他将门生组织成一个奇特的兄弟会,其会员将科学研究与宗
教仪式结合起来。

在天文学领域,毕达哥拉斯教义大胆地宣称大地是球形的,
革新了宇宙学。宗师自己相信如此,而这一新观念是由巴门尼
德(Parmenides,约公元前 500)著于文字的。显然,这些思想家
的动机既是科学的也是审美的。毕达哥拉斯认为球形是立体物
体中最美的;他教导说宇宙自身就是这完美的形状,并且认为天
空和大地应该有共同的形状。这些想法可能由善于观察的航海
者的报告和日月食时所作的观测启发或至少由它们所支持。渐
渐地,大地是球形的这一说法赢得了广泛的赞同,尽管亚里士多
德在公元前 4 世纪中期的作品中暗示道,那时不同的看法并没
有消失。

毕达哥拉斯学派的确创立了一种宇宙学,但这只是纯粹推
测性的,对后来的希腊天文学思想影响很小,其数学神秘主义和
先验的性质似乎是非科学的。不过我们应记得当时的观测天文
学还刚起步。我们将见到,一般地说希腊的天文学家明确感觉
到他们的天文观测不可避免是不精确的,因而将数学作为通向
天象确定性的更可靠之路。

现在行星的违背理性的不规则运动吸引了天文学家的注

意。确实,渐渐地,智力拼图中的几片开始落入适当的位置。观星者意识到,金星和水星与当时所知的其他三个"漫游者"不同,总是保持靠近太阳,因而只有在早晨或傍晚才能见到。他们也学会将"晨星"和"昏星"看作同一个星星。同时,他们观察和思考行星逆行的秘密——"漫游者"在自西向东划过天空的正常路径上有时会暂停,自东向西后退一小段距离,又暂停,最后又开始向东运动。这种反常行为使天文学家绝望。希腊人的敏感心灵喜爱秩序和规则,这些天空的流浪者简直使他们惊骇。不管怎么说,也许这些表面的混乱背后,隐藏着某种模式?

几个世纪以来古埃及人和巴比伦人观测行星,并为其运动详尽地绘图,但他们仅仅是观测者。寻找统一的天体运动理论,能揭示出看来不规则现象背后的图式,这与观测和绘图完全是两回事,而且是跃进了巨大的一步。这就是柏拉图摆在其学院面前的问题,即"拯救现象"这现在已很著名的语句所表达的。对柏拉图问题的一个解答是由其学生欧多克斯提出的,他自己就是一位大师,并且是希腊最重要的数学家之一。这一解答是历史上第一个重要的天文学理论,是自然理性化纲领中决定性的进展。

欧多克斯(Eudoxus,约公元前 408—前 355)来自克尼都斯,在现今土耳其西海岸上。年轻时他游历到意大利和西西里,在阿球塔斯指导下研习几何学。在那里他因其数学理论而出类拔萃。22 岁时他至雅典听柏拉图在学院里的讲座。他自己作了一些观测,几个世纪以后,他的"观象台"还引起一些好奇的旅行者的注意。

欧多克斯的方案是运用一系列以不动的地球为中心的同心球。为解释除不动的地球外的任何物体的复杂运动,欧多克斯假设球面运动的结合会产生需要的路径。这方案错综复杂,因为要解释不同的行星以及太阳和月亮,需要由三四个球形组成的不同系统。当然,这些球形是数学上的、假设的。

欧多克斯似乎满足于这些成就。他没有探求他的球形以及球形之间相互联系的物理性质,也没有探求球形运动的物理原因。合理的推测是,他只是将这系统看成漂亮的理论,不需要也不设定物理验证。如果欧多克斯真的采取了这种态度,那他将居于古代、中世纪和现代天文学的持久传统之首,这一传统只是将天穹的几何模型看成方便的数学构想。

欧多克斯的理论怎样描述观察到的天体运动?他自己的著作已失传,我们只是通过古代评论家尤其是亚里士多德的叙述才得知他的方案。根据通常的估计可以得出结论,球体的适当结合会很准确地得出除金星和火星的路径外的所有相关运动。而对于金星和火星,这一系统就崩溃了,甚至不能得出逆行这一行星运动最显著的特征。不过,在古典时期,是另一个缺陷成了反对这方案的根据。批评家论证道,如果如欧多克斯所假设的那样,天体总是保持与地球同样的距离,就不会表现出亮度和大小的变化,而这即使对于裸眼也很明显。欧多克斯自己也意识到这些困难,不过认为忽略它们更合适。毫无疑问,他和他的同时代人看得很清楚,推翻这一理论就可能将地球从宇宙中心的位置驱逐出去。这一后果是如此可怕,除了最勇敢的心灵外,任何人都会退缩。

尽管毕达哥拉斯学派、斯多葛学派、伊壁鸠鲁学派以及柏拉图和亚里士多德依然坚持宇宙论不是科学的私有领地,一些才智之士已在寻求一些观念,这些观念将把宇宙学变成只有通过数学的鲜为人知的语言才能接近的学问。在公元前4世纪中期,一个名叫赫拉克利戴斯(Heraclides)的人(因生于旁体库斯之地也被称作旁体库斯)提出了两个具有革命性意义的建议。

赫拉克利戴斯说道,看起来天体似乎每天在旋转,其实这是错觉;事实上是地球在运动,每 24 小时围绕其转轴自旋一周。这是一个大胆的猜想,像大多数科学进展一样,它公然与常识和感觉经验相悖。事实上,地球之转动已在两个世纪之前由默默无闻的毕达哥拉斯派哲学家黑凯塔斯宣布,也许这一观念从来就没有消失。人们总是意识到两种可能性——天空转动和地球旋转——都同样符合观测结果。那么,为什么赫拉克利戴斯决定让地球运动呢? 也许他持有宇宙与地球相比一定很大这一普遍的看法,宁愿旋转小球而不愿转动广大的外围。不管其理由是什么,这个新观念没有马上被接受,也没有普遍被接受。

他的另一项革新影响更为深远,因为他攻击了当时流行的宇宙学的最薄弱之处。我们已经看到,欧多克斯的同心球系统不能解释观测到的天体大小和亮度的变化。尽管有这个缺陷,这一理论持续了一段时间,有追随者急于为其辩护。

直到赫拉克利戴斯指了路,才有可能见到另外的可能性。大概是受金星和水星总是靠近太阳启发,他提议说这两个行星作以太阳为中心的圆周运动。如果这"日心"运动与太阳自身围绕地球的圆形路线结合起来,金星和水星离我们的距离将明显变化,导致亮度的波动,而这是欧多克斯无力解释的。这个新假说具有巨大持久的影响力。在纯数学方面,赫拉克利戴斯第一次在天文学猜想中构想出"本轮"概念:圆心围绕另一个圆做圆周运动。从这一开端将产生出许多科学理论。他的理论由于只限于五颗行星中的两个而削弱了力量,而赫拉克利戴斯看来并不想排除这一限制。幼稚的观察和人类的骄傲给予了地球有利的位置,而长期以来就有对这一位置的侵蚀,太阳作为天体运动的中心这一观念是这一侵蚀传统上的另一个里程碑。

在第二个伟大的希腊时期,当希腊文明的中心转移到亚历山大城时,对于量化知识的兴趣和积累这种知识的意愿终于兴起了。在这里追踪希腊化时期希腊文明特征的改变是与主题不相关的。重要的是,在这个城中,希腊人与埃及人和巴比伦人紧密接触,几千年来埃及人和巴比伦人所积累的天文观测财富更容易得到了。统治埃及帝国的亚历山大的后继者们为学者们建造了叫做缪斯的神殿(Museum,即英文的博物馆——译者)的巨大家园,并花费巨资装备一个著名的图书馆。他们还提供资金建造刻度精细的仪器,以更准确地度量天体的角方位以及这些天体对于地球上的观测点的张角。

在希腊化时期,埃拉托色尼、阿波罗尼乌斯、阿利斯塔克、伊巴谷、托勒密等几十个杰出之士从事地理学和天文学研究。利用这些资源,亚历山大城的人构造了统治 15 个世纪之久的天文学理论。

希腊化时期的杰出贡献是由阿利斯塔克(Aristarchus)提出的日心假说。史书对于萨摩斯岛的阿利斯塔克记载得很少。他的著作是其唯一的传记,我们只是通过其著作才得知他。阿利斯塔克的日心假说掩盖了他的其他具有持久意义的成就。在他职业生涯的早期,年轻的天文学家就做了我们所知的第一次尝试,来计算天体的大小和距离。尽管恒星和行星对于人类的量度来说太渺小太遥远,观测数据的稳定积累和数学的快速进展使得至少近似计算太阳和月亮的大小成为可行的了。

阿利斯塔克的计算出现在他唯一流传下来的著作中,由于这种幸运的情况我们得以追踪他思路的细节。从现代的视角来看,他对太阳和月亮大小和距离的计算只是简单的三角学练习题;然而,阿利斯塔克的工作早于三角学的发明,他只能满足于求上述量的上限和下限,而不是它们的精确值。他的主要武器是一两代人之前(大约公元前 300 年)由欧几里得完成的辉煌的几何学综合。阿利斯塔克接受了欧几里得的学说，并继续推进，默默地采用了他自己的一些附加定理。然后，巧妙地利用这些新的数学成果，他宣布了三个主要结论。这些结论处理的是太阳和月亮离地球的距离以及三者的大小之比。

如果只是根据与现代数据的对比来判断他的成果，我们不得不说阿利斯塔克的工作是明显的失败。错误不在于阿利斯塔克的数学，而在于当时粗糙的观测仪器所能做出的观测。从现代数学的观点来看，这一利用欧几里得的几个定理来度量天穹的英勇行为似乎很可怜。但是阿利斯塔克沿着未来进展的大路跨出了第一步。通过问"多远"和"多大"，他已开始着手排除立在人类和宇宙的真实图像之间的两个中心障碍。

在他唯一留存下来的著作中，阿利斯塔克没有提及地球绕太阳运转。然而，比他年轻 25 岁的阿基米德写下的一段话，似乎排除了一切怀疑：

> 萨摩斯的阿利斯塔克出了一本书，这本书由一些假说组成，即固定的星星和太阳保持不动，地球围绕太阳沿圆周运转，而太阳居于轨道的中心。

我们现在不能确定阿利斯塔克的动机。赫拉克利戴斯教导说金星和水星以太阳为中心，已作了潜在有用的先导。阿利斯塔克自己对太阳、月亮和地球大小的计算，再加上对于动力学原理的直觉，可能使他确信，让较小物体围绕较大物体旋转从物理上说更合理。另一种可能是，也许他认为日心概念只是一个有吸引力的假说，为了其数学后果值得探讨。不管怎么说，这个观念对于它的时代来说太大胆了，获得很少支持。再者，地球居民感觉不到地球的自转和公转这一事实，还有地球是宇宙的天然中心这一信念，都反对阿利斯塔克的方案。

在阿利斯塔克度量天体的大小和距离的开创性努力不久，另一个杰出的科学家也在同一传统中研究，不过目光放得有点低，宣布了一个没人见过其整体的物体之大小，这就是地球。

埃拉托色尼(Eratosthenes)大约公元前 276 年生于北非的丘来乃。不满足于在数学、天文学和地理学上的成功，他还闯进诗歌、历史、语法和文学批评等领域。由于在这些领域中仅次于最佳的，他获得了"贝塔"(希腊字母表中的第二个——译者)的昵称。即使对于希腊人来说，这也是多才多艺。就我们现在所知，他度量我们星球的努力几乎没有先驱，不过很粗糙。

埃拉托色尼观察到，在修埃乃(现今的阿斯旺)，在夏至那天正午，太阳没有在任何物体上留有影子；而同时在亚历山大城，日晷的指示器投下的影子等于一个全圆的 1/50。设定两城在同一子午线上相距 5 000 斯达戴斯(stades，一个我们不能计算的希腊单位，见图 19)，并且太阳的光线到达地球上的不同地方时是平行的(在当时是很尖端的观念)，埃拉托色尼利用直接的几何学论证来证明亚历山大城和修埃乃之间的弧距离必定是地

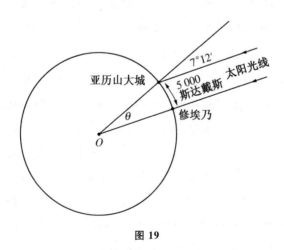

图 19

球周长的 1/50,这样就可以算出地球的周长是 250 000 斯达戴斯。他的假设中有两个错误:(1)亚历山大城和修埃乃事实上不在同一子午线上;(2)阿利斯塔克只是根据国王的信使在两城之间奔跑所需要的时间来计算它们的距离。不管怎么说,埃拉托色尼的成就的短期意义与其说由于其精确度还不如说由于它作的榜样和它的信念。这是对于正在增长的量化天文学趋向的继续和鼓励,也提供了我们可以最终度量最遥远的星星的标尺。

阿利斯塔克和埃拉托色尼的量化方法不久被扩展成太阳系的量化理论。当然,不管这些天体运动的模型只是数学构造,还是被看成是物理实在的镜子,都始终保持着最终的目标:重现或预言天体在天空上的实际路径。从欧多克斯的时代直到我们将要描述的思想家的时代,数学天文学家提出的各种各样的修正的确利用了其先驱提出的观念。

希腊天文学的巅峰和决定性的成就是伊巴谷(Hipparchus,死于公元前 125 年)和克劳狄乌斯·托勒密(Claudius Ptolemy,死于公元 168 年)所取得的成果。伊巴谷主要生活在赫劳戴斯。在他的活跃期即大约公元前 150 年,赫劳戴斯是一个商业上和思想上都很繁荣的希腊城邦,足以匹敌亚历山大城。伊巴谷充分了解亚历山大城的进展。例如,他熟悉埃拉托色尼的《地理学》(Geographica),并写了评论。他拥有更古老的巴比伦人的观测数据以及自公元前 300 年至公元前 150 年亚历山大城的观测数据。当然他自己也做了许多观测。

欧多克斯的方案假设天体附着在以地球为中心的旋转球体上,伊巴谷认识到这一方案不能解释由其他希腊人和他自己观察到的许多事实。为替代欧多克斯的方案,伊巴谷假设,一行星P(见图 20)沿着一个圆即周转圆的圆周以恒定的速度运动,而

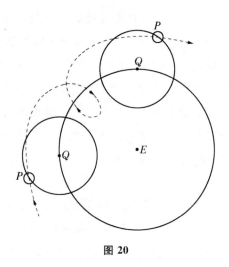

图 20

周转圆的中心 Q 沿着以地球为中心的另一个圆周以恒定的速度运动。适当地选取两个圆的半径以及 Q 和 P 的速度,就能得到许多行星运动的准确描述。根据这个方案,行星的运动类似于现代天文学得出的月球的运动。月球围绕地球运转而地球围绕太阳运转。月球围绕太阳的运动类似于伊巴谷体系中行星围绕地球的运动。

对于有些天体,伊巴谷发现有必要运用三四个圆,一个沿着另一个运转。也就是说,一个行星 P 沿着一个以数学点 Q 为中心的圆周运动,点 Q 沿着以点 R 为中心的圆周运动,而点 R 沿着以地球为中心的圆周运动。同样,每一个物体或点以自己的恒定速度运动。在有些情况下,伊巴谷不得不假设最里面的圆即均轮的中心不在地球上,而是在其近旁。在这个几何构造中的运动叫做偏心的,而圆的中心是地球时,这样的运动叫做本轮的。利用这两种类型,并适当地选取圆的半径和速度,伊巴谷能够很好地描述月球、太阳和当时所知的五个行星的运动。利用这个理论能够预言月食,误差在一两个小时之内;预言日食则准确度差一些。

我们不能概述伊巴谷的所有成就,但应该注意影响了后来的天文学的精彩发现:分点岁差分点——天球赤道的平面、黄道和地球轨道的交叉点——缓慢而有规则地变化,大约 26 000 年完成一个周期。伊巴谷编纂了最早的星表,最终给大约 850 个恒星定位。就是在编纂过程中他获得了对分点岁差的洞察。他还估算太阳年的长度为 365 天 5 小时 55 分,比现代的计算长6.5 分钟。

值得一提的是,从现代的观点来看,伊巴谷后退了一步,因为大约一个世纪前阿利斯塔克就提出了所有的行星都围绕太阳运动的理论。但是亚历山大城的观象台历经 150 年的观测数据,再加上更古老的巴比伦的记录,使伊巴谷相信,行星围绕太阳做圆周运动的日心理论不能解释这些事实。我们今天也知道这一点。

伊巴谷没有追随和改进阿利斯塔克的观点,而是将其看成纯粹是玄想而弃置不顾。其他人拒绝阿利斯塔克的观点,是因为,将地球看作一颗行星,就是将地球上的可朽坏物质和不可朽坏的天体看成同一的,而这在他们看来是大不敬。这一区分在希腊思想中根深蒂固,即使亚里士多德也为其辩护,不过并没有武断地辩护。

耶稣诞生后两个世纪,希腊天文学如日中天,是生于尼罗河畔的克劳狄乌斯·托勒密使天文学达到如此高度。像我们的历史叙述中许多的早期英雄一样,他几乎没有传记。我们只是被告知,他于 78 岁时去世,他在亚历山大城的天文学观测活动大概从公元 127 年延续到公元 151 年。在他的时代,他因天文学也因地理学获得声望。他还写了关于光学的著作;还出了一本关于占星术的书,其中将胡言乱语与科学混在一起。他的持久

声誉来自其《数学综合》(*Mathematike Syntaxis*)。阿拉伯翻译
者称这本书为 al-megiste(最伟大的),因而产生书名《至大论》
(*Almagest*),这本书主导了欧洲天文学达 1 400 年之久。

伊巴谷的成果为我们所知是因为它保存在托勒密的《至大
论》中。在其数学内容中,《至大论》给予了希腊三角学以确定的
形式,而三角学保留这形式达一千多年。在天文学领域,他对关
于本轮和不以地球为中心的行星轨道的地心理论作了原创性的
说明,这一理论称为托勒密理论。在量上它是如此准确,而又这
样长时间为人们所接受,人们将它看成绝对真理。这个理论是
柏拉图将天体现象合理化之问题的最终的希腊解答,并且是第
一个真正伟大的科学综合。托勒密完成了伊巴谷的工作,宇宙
的数学图式之证据达到小数点后第十位。然而,像欧多克斯一
样,托勒密明确说过他的理论只是一个数学构造。

托勒密知道阿利斯塔克的日心理论,但是抛弃了它,理由是
一物的运动与其质量成正比。这样,如果地球运动的话,它就会
将人和动物这样较轻的物体抛在后面。他的天文学以天空是球
形开始;他说,这是人类最古老的宇宙学上确定的事实。他自己
的推理大都基于观测,不过旧的先天论证的回响还在持续:"天
体的运动应该受到最小的阻碍,而且最容易。在平面图形中圆
提供了最简单的路径,而在立体图形中球体也是这样。"托勒密
认为有必要给出大地也是一个球的观测证据。正如我们已见到
的,他坚持我们的星球不运动,不过他也承认,如果地球旋转,将
会产生一些我们见到的现象。地球在宇宙的中央;它的体积与
星星之间的距离相比,只是一个点;他这样说是对现已确立的传
统的继续。

《至大论》的第三卷探讨的是太阳的路径问题,其要义是伊
巴谷发现的解决方法,即太阳运动的中心不是地球,而是在其近

旁。托勒密说:"坚持偏心圆的假说更合理,因为这更简单,完全由一种运动而不是两种运动实现。"这一表述告诉我们,托勒密的思考是由优美和简洁问题主导的,而没有考虑这些天圆的物理存在。在月球理论中,托勒密发现伊巴谷的模型——本轮绕均轮旋转——在新月和满月时符合观测结果,而在中间位置则垮掉了。正如伊巴谷已看到的,月球的表观直径似乎增加了。因此托勒密构造了一种巧妙的设计,其中在适当的位置本轮被拉向观察者。这一经调节的模型能高度准确地给出月球的黄经,但是有严重的缺陷。它隐含着我们的卫星离地球的距离有巨大的变化,而月球表观大小的可见变化却不能完全证实这距离的变化。

托勒密的下一步是,比较他的观测结果和从理论中算出的位置,来推算月球到地球的距离,得出平均距离是地球半径的29.5倍。然后他借助阿利斯塔克400年前的论证来推导太阳的距离,不过在这里他误入歧途,估算结果比伊巴谷的一半还小,比实际数小10倍。在接下来的1 500年中没人改进这些估算。在《至大论》的第七卷和第八卷中,托勒密改正并扩展了伊巴谷的恒星星表,从850目增加到1 022目。他根据大小(magnitude)把星星分为6类。现在magnitude这个术语不是指体积而是指表观亮度。不过,古代人认为所有的星星离地球同样远,结果亮度被看成与体积成正比。

在第九卷中,托勒密展示了他的最高成就:对行星反常运动的第一个完整而严格的描述。他的起点当然是天体几何学无人质疑的第一公理,他是这样表述的:

> 对于5个行星像对于太阳和月亮一样,我们的问题是要证明,所有表观上的不规则都是由规则的圆形运动产生的(因为它们不习惯矛盾和混乱)。

在科学史上很少有哪一个先天原理这样完全而又这样长久地统治人们的思想。

作为一级近似,托勒密认为所有的行星运动都处在黄道平面上。黄道平面即太阳的圆形路径,托勒密认为它缓慢旋转,产生了分点岁差。而且,本轮围绕均轮旋转的方案对于行星来说是不够的,因为由其导出的逆行弧对于所有的行星长度都相等,而且均匀间隔,而这与观测数据相反。托勒密反对这种过分的对称,在偏心圆(eccentric)上设定了一个本轮。

在偏心圆-本轮(eccentric-epicycle)的基本模式中,现象可以被拯救了。不过托勒密发现,这只能设定每个行星的本轮不是一律围绕均轮的中心 C 运转,而是相对于另一个叫做对点(equant)的 Q 运转(见图 21)。地球在 E 点,且 $EC = CQ$。行星

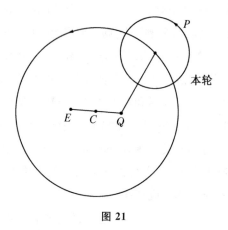

图 21

围绕本轮运动的方向与本轮的中心围绕均轮的方向相同(这与太阳和月球模型中所设定的相反的公转方向不同)。当行星在本轮上离地球更近的一面时,逆行就发生了。水星的情形更复杂,与托勒密为月球所作的设计相似:水星均轮的中心沿着它自己的一个小圆运动,这样这颗行星的本轮就被周期性地拉近

地球。一颗内行星(金星或水星)在其自身的"一年"(等于绕太阳公转一周的时间)中沿其本轮运转一周,而本轮沿均轮运转一周需要一个行星年。外行星与这种安排相反,这里本轮沿偏心圆运转一周的时间等于我们现在所说的行星绕太阳的公转时间,而行星围绕本轮运转一周的时间对应于我们所说的地球绕太阳的公转时间。每一个本轮都向其均轮倾斜,以保持本轮大致与黄道平行。

托勒密写道:"让任何见到我们设计之困难者不觉得这些假说麻烦",不过迷惑不解的读者可能会表示异议。毕竟,科学并不预先保证大自然是简单的。

从我们的观点来看,对点是托勒密的大师手笔,是一个完全原创、完全成功的方案,预示了开普勒的椭圆。而对于这位伟大的天文学家以后的批评者来说,对点的闯入损害了天体运动神圣的第一原理,这第一原理坚持只有圆心运动的齐一性。在某些人看来,对点是真正引起公愤之事,这后来促使哥白尼采取地球运动的方案。伟大的科学革命有一个多么奇怪的起源啊!

为加强他关于月亮、太阳和行星运动的精彩方案,托勒密按照它们离地球的距离来排序,不过这里他出了错。他知道他对天体体积的估算是粗糙的,因为没有好的天文学仪器可用。

哲学上的反对暂且不管,《至大论》的几何学成就是辉煌的。然而,我们很容易相信,托勒密热爱探求的头脑,愿意用对天空真实材料的描述来补充这些想象的圆。将数学理论和可触摸的实在结合起来,将天文学家的描述工作和物理学家的解释功能结合起来,这一古老的见识在这建立几何模型的早期阶段几乎没有减弱。而实际上,两者的区别却越来越大。因为数学对非圆形轨道的坚持,以及对非地球旋转中心的坚持,看来与合理的亚里士多德原理矛盾。许多希腊时代的宇宙学家干脆置亚里士多德的物理学于不顾,但数学设计不断增加的复杂性一定在许多其他思想家中引起了不断增长的对实在的疏离感,甚至也许还引起了对亚里士多德简单性乐园的怀旧感。

托勒密在有些领域形象不佳。有些读者对《至大论》望而生厌,因为其真实或想象的笨重的学究气,也因为其盘根错节的复杂几何学:

在天空上

涂抹些同心圆和偏心圆

圆连着本轮,天球套着天球。

然而,他自加限制,只用同样的圆形轨道,除了容许月亮离地球过度变化的距离外,托勒密描述天体轨道的精确度足以匹配观测数据的准确度。而且圆的倍增证明了这位伟大的天文学家面对大自然的复杂性所表现的勇气和技巧。对点的引入是第一流的数学创造,使托勒密特比其最有才智的先驱更出类拔萃。《至大论》应该排在科学史上最有影响的书籍之列,尽管其中解说的许多特征,尤其是居于中心不动的地球,保留了日常经验的信念和多个世纪积累的"智慧"。

从探求真理的角度来看,值得注意的是,像欧多克斯一样,托勒密充分认识到他的理论只是一种符合观察资料的方便的数学描述,而不一定是大自然的真实设计。对于有些行星他有另外的方案可供选择,不过他选择了数学上更简单的。托勒密在其《至大论》的第三卷中说,在天文学中应该寻求尽可能简单的数学模型。然而托勒密的数学模型被基督教世界接受为真理。

托勒密理论为大自然的齐一性和不变性提供了第一个合理完整的证据,是对柏拉图将现象合理化问题的最终的希腊解答。

总而言之,托勒密理论的伟大意义在于,它证明了数学在将复杂甚至神秘的现象合理化中的力量。理解大自然甚至发现完全未知的现象,从它的第一个辉煌的成功中获得了动力和鼓励。

第4章
哥白尼和开普勒的日心说

不过它在动。

伽利略

这一章的主题是一个经常讲述的故事,是关于采纳行星系统的日心说理论,来代替托勒密的地心说。当然,日心说现在看来是正确的理论——但是为什么我们会接受它呢?它与我们的基本感觉是相背离的。接受关于物理世界的概念得如此彻底地改变,数学在其中起作用吗?

根据日心理论,地球绕它的轴旋转,每 24 小时旋转一周。这就意味着赤道上的人在 24 小时中旋转 25 000 英里,或者说速度是大约每小时 1 000 英里。我们可以根据我们在汽车中每小时行驶 100 英里的经验来判断这一难以置信的高速度。此外,地球还围绕太阳公转,速率是每秒钟 18 英里,或者说每小时 64 800 英里,这又是一个难以置信的速度。然而在地球上我们既感觉不到自转又感觉不到公转。而且,如果我们即使以每小时 100 英里的速度旋转,为什么我们不会被抛入太空?我们多数人都骑过旋转木马,它的旋转速度是大约每秒钟 100 英尺,而我们会感到有种力,如果不抓紧旋转木马上的固定物,那种力就会把我们抛到空中。

　　然而,我们今天接受日心理论作为对事实的描述,尽管旧的地心理论还在我们的日常语言中留下痕迹。我们仍然说太阳自东方升起在西方落下,虽然是太阳在动而不是我们随旋转的地球在动。

　　为什么数学家和天文学家做了如此巨大的改变,转到日心理论？我们将会看到,在这场革命中数学起了决定性的作用。我们已见到(在第 2 章中),欧洲人获悉了强调大自然的数学设计的古希腊著作。这一信念又为天主教教义所强化,这教义在中世纪起主导作用,即上帝设计了宇宙。大概数学就是这设计的精髓。

　　在意大利文艺复兴期间,博学之士从各种来源重新获得古希腊的数学著作。意大利城镇中那些有魄力的商人,当他们辅助古希腊文化的复兴时,得到的比他们预料的要多。他们只是想促进一种更自由的气氛,但他们收获了旋风。他们不能继续在一个不动的地球的坚固根基上居住和繁荣,而是不稳定地附着在一个快速旋转的球上,而这个球又以难以想象的速度围绕太阳运动。冲击地球使其自由旋转和公转的理论也解放了人的头脑,这大概是对这些商人的一点回报。

　　复兴的意大利大学是这些思想之花的肥沃的土壤。就是在这里,尼考拉·哥白尼(Nicolaus Copernicus)浸染了希腊信念:大自然的行为可由数学规律的和谐的集成曲来描写;也正是在这里,他熟悉了也是起源于希腊的假说——行星围绕固定的太阳运动。在哥白尼的头脑中这两种观念融合了。大自然的和谐要求一种日心理论,他愿意移动天空和地球来建立它。

　　哥白尼 1473 年生于波兰。在克拉科夫大学学习了数学和科学以后,他决定前往波隆纳,因为那里学问更加普及。在那里他在有影响力的教师多米尼克·马里亚·诺沃拉指导下学习天文学,这是一个最重要的毕达哥拉斯主义者。1512 年哥白尼接受了东普鲁士弗劳恩伯格大教堂的教士职位,他的职务是教堂财产的管家和治安官。在他的生命中余下的 31 年中,他花了大量时间在教堂的小塔上用肉眼仔细观察行星,并用粗糙的自造仪器作了数不清的测量。他将剩下的空闲时间都用于改进他关于天体运动的新理论。

哥白尼已出版的著作明确无误(尽管是间接的)地表述了他献身于天文学的理由。根据这些表述来看,他的智性兴趣和宗教兴趣是主要的。他看重自己的行星运动理论,并非因为它改进了导航程序,而是因为它揭示了神的工作室中的真正的和谐、对称和计划。它是神之在场的奇妙的压倒一切的证据。在谈到其经 30 年而成的成果时,哥白尼抑制不住自己的感激之情:“我们在这有秩序的安置之后,发现了宇宙中奇妙的对称,轨道运动和大小之间的确定的和谐关系,这些通过其他方式是得不到的。”在其巨著《论天体的运行》(*On the Revolution of the Heavenly Spheres*, 1543)中,他的确提到了应拉特兰议教会之请,改进许多世纪以来已变得混乱的历法。他写道,他将此问题牢记在心,不过很明显,这从来没有主导他的思想。

当哥白尼着手处理行星运动问题时,阿拉伯人为提高托勒密理论的准确性,已增加了更多的本轮。为描述太阳、月亮和当时已知的 5 个行星的运动,他们的理论总共需要 77 个本轮。在包括哥白尼在内的许多天文学家看来,这理论复杂得足以引起公愤。

和谐性需要一种比托勒密理论的复杂蔓延更宜人的理论。哥白尼读过一些希腊人写的著作,其中提出了这样的可能性:

地球绕静止的太阳运转,同时绕自身的轴自转。他决定探索这种可能性。从某种意义上说,哥白尼受希腊思想的影响过多,因为他还相信天体运动必然是圆形的,或者最差也是圆形运动的组合,因为圆形运动是"自然"的运动。更进一步,他还接受了这样的信念:每颗行星必然在本轮上以恒定的速度运动,且每个本轮的中心在其均轮上以恒定的速度运动。在他看来,这些原理像公理一样自明。哥白尼甚至增加了一条论据,这显露了 16 世纪思想的有点神秘的特点。他认为可变的速度只能由可变的力量引起,而上帝作为一切运动的原因,是恒常的。

　　他推理的要点在于,用均轮和本轮的图式来描写天体的运动;不过他的描述的重要的差异在于,太阳是每个均轮的中心,而地球变作了一颗绕太阳运动并绕自身轴旋转的行星。这样,他获得了极大的简化。

　　为理解哥白尼所引入的变化,我们仅谈一个简化的例子。哥白尼观察到,如果设定行星 P 围绕太阳 S 运转(图 22),并且设定地球 E 也围绕太阳运转,从地球上观察到的 P 的位置将是一样的。因而行星 P 的运动是由一个圆描述,而地心说则需要两个圆。当然,行星围绕太阳的运动不是严格圆形的,为更准确地描述 P 和 E 的运动,哥白尼在图 22 所示的圆上加上了本

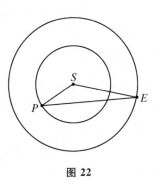

图 22

轮。不管怎样说,他能够将解释"行星全部舞蹈"所需圆的数量从 77 个减到 34 个。这样日心说在描写行星运动时能够大大地简化。

　　一件有趣的事是,大约 1530 年哥白尼在一本叫作《浅说》

(*Commentariolus*)的小册子中传播了对其新观念的简单描述。卡普阿的大主教红衣主教尼考拉·冯·勋伯格写信给哥白尼,督促他让全部著作问世,并请求他给一个复本,费用由他来出。然而,哥白尼惧怕他的著作会引起震怒,多年不愿意发表。他将手稿托付给库尔姆的主教梯得曼·基瑟,后者在符腾堡大学的一名教授格尔奥格·雷提库斯的协助下,出版了这本书。路德学派的一位神学家,安德里亚斯·奥西安德也协助了印刷,因惧怕会引起麻烦,他自己所加的前言未署名。他说这一新成果是根据几何学原理计算天体运动的假说,这一假说不是真实的情形。谁要是将为另外的目的而设计的理论当作真理,那么当他学完天文学后将比学习之前变得更愚蠢。当然,奥西安德并没有反映哥白尼的观点,因为哥白尼相信地球的运动是物理实在。因中风而瘫痪在床的哥白尼收到其著作的一个印刷本。他不可能读它,因为他从此没有康复,不久就于1543年去世了。

哥白尼太阳固定不动的假说大大简化了天文学理论和计算,但在其他方面并不特别地准确,在预言行星的角位置时,哥白尼甚至差了10°。因此他尝试在均轮和本轮的基本图式上做些变更,当然太阳总是保持不动而且不是在均轮的中心就是在其近旁。尽管变更不是很成功,但失败没有减低他对日心说的热情。

但当哥白尼综览日心假说所带来的超常的数学简化时,他的满足感和热情是无限的。他已发现了天体运动的更简洁的数学描述,因而这一描述更应受到推崇。因为哥白尼像文艺复兴时期的所有科学家一样,相信"大自然喜爱简单性,并不炫耀多余的原因"。哥白尼也能因为这一事实而自豪:他敢于思考其他人包括阿基米德视为荒谬而抛弃的想法。

就哥白尼天文学中的数学来说,它纯粹是一种几何学描述,只是将复杂的约化为简单的而已。然而,这一变化所影响的宗教和形而上学原则却很多,而且是根本性的。由此可以很容易看出,为什么一个只是从数学角度来思考而不为其非数学原理所累的数学家会毫不迟疑地接受哥白尼的简化,而那些主要或完全由宗教或形而上学原则所引导的人甚至不敢根据日心说的理论来思考。事实上,很长时间里只有数学家们支持哥白尼。

正如所期待的,贬低人类在宇宙中的重要性的日心说遭到了严厉的谴责。马丁·路德称哥白尼为"自命不凡的星相家""想颠覆整个天文科学的白痴"。约翰·加尔文咆哮道:"谁敢将哥白尼的权威性置于圣灵的权威之上?"圣书上不是说过约书亚命令太阳而不是命令地球静止不动吗?不是说过太阳从天空的一端行到另一端吗?不是说过地球的根基是稳固的、不能被移动吗?

宗教裁判所将新理论谴责为"完全违背圣书的虚假的毕达哥拉斯派教义",天主教会在一个官方声明中称哥白尼学说为异端邪说,"比那些加尔文和路德以及所有异端的书中所包含的异端邪说更引起义愤、更可恶,并且对基督教更为有害"。

哥白尼在给教皇保罗三世的一封信中对这些攻击作了答复:

> 如果有一些胡言乱语者,尽管对数学一无所知,却擅自评判数学问题,并且为他们的目的而歪曲圣书中的段落,敢于在我的体系中挑错、公开指摘,我会忽视他们,甚至蔑视他们的判断为无知。

哥白尼还进一步说道,圣经可以教导我们如何走向天国,而不能教导我们天空如何运动。

尽管太阳不动的假说大大简化了天文学理论和计算,但正如已指出的,行星的本轮路径并不怎么符合观测结果。决定性的改进是 50 年后由那个不可思议的神秘主义者、理性主义者、经验主义者约翰·开普勒(Johann Kepler, 1571—1630)作出的。这个德国人将奇妙的想象力、洋溢的热情与在获取观测资料时无穷的耐心以及对事实细节的极度服从结合起来。开普勒的个人生活与哥白尼形成鲜明的对照。哥白尼年轻时就获得了极好的教育,过着遁世的、稳定的生活,他能够几乎全部献身于建立理论。而开普勒于 1571 年出生时就身体弱,为父母所忽视,只是得到很差的教育。他那个时代的大多数男孩若是对学习有兴趣,父母就会期望他去学习做牧师,开普勒也是这样。1589 年他进入图宾根大学,在那里他师从狂热的哥白尼主义者米夏尔·迈斯特林学习了天文学。开普勒受新理论影响强烈,而路德教会的修道院院长们却不是这样,他们质疑开普勒的热诚。开普勒反对当时路德教思想的狭隘,放弃了牧师职业,而接受了格拉茨大学的数学和道德学教授职位。该大学在奥地利的施丢利亚,在那里他开设了关于数学、天文学、修辞学和维吉尔的课。他也被请去做星相学预测,当时他似乎相信这些东西。他着手掌握这门技艺,并检验他对自己命运的预测来练习。后来他不那么轻信了,常常提醒他的顾主说:"我所说的可能发生,也可能不发生。"

在格拉茨大学,开普勒引进了由教皇格里高里十三世支持的新历法。清教徒们拒绝接受,因为他们宁愿与太阳不一致也不愿与教皇一致。不幸的是,施丢利亚开明的天主教首领的继任人是一个不宽容的首领,开普勒发觉那里的生活不舒服了。尽管他受耶稣会保护了一段时间,并且靠教授天主教教义还可以留在那里,但他拒绝那样做,最终离开了格拉茨。

1600 年他获得了一个职位,做著名的天文观测者索第谷·

布拉赫(Tycho Brahe，1564—1601)的助手。后者正在对天文学观测数据做自古希腊以来的第一次较大的修正。布拉赫死后开普勒继任为波希米亚皇帝鲁道夫二世的帝国数学家。这位雇主也期望开普勒为宫廷成员占星算命。开普勒接受了这一职务，他的哲学观是，大自然给所有的动物都提供了谋生的手段。他惯于称占星术为天文学的女儿，女儿赡养她自己的母亲。

开普勒来到布拉格大约 10 年后，鲁道夫皇帝开始经历政治动乱，付不起开普勒薪水。这样开普勒不得不另找一份工作。1612 年他接受了林茨的地方数学家职位，但是其他的困难仍然缠绕着他。在布拉格时，开普勒的妻子和一个儿子已死去，他再次结婚，但在林茨他又有两个孩子死去。除了家庭悲剧，清教徒不接受他，挣的钱很少，为生存而挣扎。1620 年林茨被信奉天主教的巴伐利亚公爵马克西米良征服，开普勒受到更严重的迫害，身体更弱了。他生命的最后几年是这样度过的：努力出版更多的书，收欠他的薪水，寻找新职位。

开普勒的科学推理很有魅力。他像哥白尼一样，是一个神秘主义者，相信世界是由上帝根据简单美丽的数学图式设计的。"上帝太和善了，不愿赋闲，开始玩识别标志的游戏，将世界标上与他的相似性；因此我偶然想到所有的自然物和优雅的天空可由几何学的技艺来表示。"在《宇宙的神秘》(*Mystery of the Cosmos*，1596)中他进一步说，"为什么轨道的数量、大小和运动是这样的而不是另外的样子"，造物主心智中的数学和谐可以提供原因。这种信念主导了他所有的思考。

当然，开普勒也有一些我们所理解的科学家的品质。他能够冷冰冰地富有理性。尽管他丰富的想象力激发了新理论系统的构想，他知道理论必须符合观测结果。在晚年他更清楚地看出经验数据确实可能提示基本的科学原理。所以，当他看到最心爱的数学假说不符合观测数据时,就牺牲它们。拒绝容忍当时其他科学家可能会忽视的矛盾,正是这种不可思议的执著促使他支持彻底的观点。他还有谦卑、耐性和精力,这些都能使伟人从事超常的劳累。

在做鲁道夫皇帝的帝国天文学家期间,他完成了最严肃的工作。为哥白尼系统的美与和谐关系所打动,他决心献身于探索第谷·布拉赫的观测数据可能提示的另外的几何学和谐,发现联系所有的自然现象的数学关系。然而,他喜好将宇宙放进一个预先构想的模式中,这也使他花费了好多年走弯路。他在《宇宙的神秘》一书序言中写道:

> 我从事于证明,上帝在创造宇宙和调节宇宙的秩序时,心目中所注视的是自毕达哥拉斯和柏拉图以来为我们所知的 5 个正几何体;而且,他根据这些正几何体的尺度确定了天体的数量、它们之间的比例和运动关系。

因此他设定 6 个行星的轨道半径是与 5 个正立方体有关的球体的半径。最大的半径是土星的轨道半径。在这个半径的球中他假设内接一个正方体。在这个正方体中内切一个球,它的半径就是木星的轨道半径。在这个球中内接一个正四面体,在四面体中内切一个球,这个球的半径就是火星的半径,以此推下去,用完 5 个正立方体。这样能得到 6 个球体,正好够当时所知的行星的数量(见图 23)。

不久,开普勒意识到他漂亮的理论不准确,尽管他所计算出的行星之间的距离非常接近事实,但它们并不与多面体之间的球的距离严格相符。

至此,开普勒的工作会受到与亚里士多德攻击毕达哥拉斯时同样的批评:"他们并不是为现象寻找理由和原因,而是强行

图 23

使现象符合他们的意见和预想,试图重建宇宙。"然而,明察的开普勒太尊重事实了,不会坚持与观测数据不符而不给出准确预言的理论。

　　只是在开普勒获得了布拉赫的观测资料,并且自己也做了更多的观测后,他确信必须抛弃他的先驱托勒密和哥白尼以及他自己构想的天文学模式。他寻找符合这些新观测数据的规律,三个著名的成果是其最高成就。前两个在开普勒于 1609 年出版的《论火星的运动》(*On the Motion of the Planet Mars*)中公布于世。

　　第一个定律与一切传统决裂,在天文学中引入了椭圆。这种曲线大约两千年以前已由希腊人透彻地研究过,因而其数学性质是已知的。圆定义为与某一固定点距离(半径)相等的所有

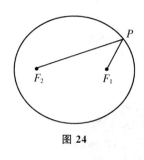

图 24

点的集合,而椭圆可定义为与两个固定点的距离之和相等的所有点的集合。这样如果 F_1 和 F_2 是固定的点(见图 24),P 是椭圆上的点,无论 P 在椭圆上的何处,$PF_1 + PF_2$ 保持不变。固定点 F_1 和 F_2 叫做焦点。开普勒第一定律是,每一个行星都沿着椭圆运动,太阳是其焦点之一。另一个焦点只是一数学点,上面没有物理存在。当然,每个行星都沿着自己的椭圆运动,太阳与所有的行星一样。1 500 年来人们试图用圆的组合来描述每个行星的运动,其结果是用一个简单的椭圆来代替每一个组合。

开普勒第一定律告诉我们行星遵循的路径,但没有告诉我们行星沿着这路径运动多快。如果我们在某一时刻观察到一行星的位置,还是不能知道何时它将在那条路径的另一点上。人们也许会预想每个行星在其路径上以匀速运动,但是观测数据这最终的权威使开普勒相信事实不是这样。开普勒的第二个发现是,连接太阳和行星的线扫过的面积是恒定的。也就是说,如果行

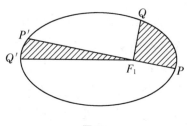

图 25

星在一个月中从 P 运动到 Q(见图 25),在同样的时间内从 P' 运动到 Q',那么面积 F_1PQ 和 $F_1P'Q'$ 是相等的。发现有一种简单的方式来叙说行星速度的数学定律,开普勒欣喜若狂。很显然上帝喜欢恒定面积胜过恒定速度。

还有一个重要问题没有解决。什么规律描写行星到太阳的距离? 使此问题变复杂的是,行星到太阳的距离并不恒定。开

普勒探求一条能将此问题考虑在内的新原理。他相信大自然不仅是根据数学设计的,而且是和谐地设计的。他相信有一种天体的音乐产生和谐的音响效果,虽不是产生实际的声音,不过将行星运动的事实翻译成音符后还是能辨认出的。顺着这条线索,经过数学论证和音乐论证的令人惊异的结合,他得到了一条规律,就是,如果 T 是任一行星的公转周期,D 是它到太阳的平均距离,那么

$$T^2 = kD^3$$

k 是对所有的行星都一样的常数(D 的正确值是每个椭圆路径的半长轴)。这就是开普勒关于行星运动的第三定律,开普勒在其《论世界的和谐》(*The Harmony of the World*,1619)一书中兴高采烈地宣布了。

　　因为地球到太阳的距离是 93 百万英里,公转周期是一年,我们可将它们代入方程来确定 k 的值。如果知道了行星的公转周期,就可以用这条定律来计算它离太阳的平均距离,反过来也一样。

　　毫无疑问,开普勒会喜爱发现行星之间的距离关系,但他所得到的结果使他欣喜若狂,在书中叙述了这条规律后,他激情迸发,唱起了对上帝的赞歌:

　　　　上帝的智慧是无穷无尽的;他的荣耀和大能也是无穷无尽的。天空啊,唱起对他的赞歌! 太阳、月亮和行星,用你们说不出的语言来颂扬他! 天体的和谐,所有领悟他奇妙作品的人,赞美他吧。我的灵魂啊,赞美你的创造者吧!只是通过他而且在他之中一切才会存在。我们深知的,包含在我们虚荣的科学中,也包含在他之中。赞美、荣誉和荣耀都永远归于他。

我们应该附带说明,开普勒能够构想出简单的规律,是因为行星之间的引力相对来说很小,而且太阳的质量恰好比行星的质量大得多。不管怎么说,开普勒的工作是一项巨大的创新,是对日心说的大大推进。

今天所受的教育已使我们接受了日心说和开普勒定律,因而不能充分理解哥白尼和开普勒所取得的成就的意义。回顾一下他们研究所处的背景,看看他们的数学真正完成了什么,对我们是有益的。

哥白尼和开普勒身处 16、17 世纪。自托勒密的时代以来地心说的力量就很强大,非常符合已牢固确立的宗教教义。地球是宇宙的中心,人是宇宙的主角。太阳、月亮和星星是特地为我们创造的。日心说否认这些基本的信条,还隐含着这样的意思,即人是许多高速旋转的球体之一上的一颗无足轻重的尘埃。那么人还可能是上帝救助的主要对象吗?新天文学还摧毁了天国和地狱,而在地心说中这些都有合理的地理位置。

哥白尼和开普勒都有高度的宗教感,然而他们都否认基督教为中心教义之一。将地球移出了中心位置,哥白尼和开普勒就抽去了天主教神学的一块墙角石,危及整个大厦。哥白尼攻击地球是宇宙的中心的论点,指出与地球相比宇宙是如此广漠,谈论中心是没有意义的。然而,这一论证使他与教会更加对立。

也有一些反对日心说的合理科学的论证。如果地球处于运动中,在地球轨道的不同位置上,看起来似乎是固定在天空上的恒星的方位应该不同。然而,这种差别在 16、17 世纪没有观测到。哥白尼回答说,与地球的轨道相比,恒星的距离非常之大。他的对手反驳道,要使方位变化观测不到,这需要的距离与恒星清晰可见的事实矛盾。

哥白尼的解释证明是正确的,不过,如果得知恒星离地球距离的现代数据,即使他也会吃惊不小。从地球轨道的一个位置上到另一个位置上所见的恒星方位的变化,是由数学家弗里德里希·威尔海姆·贝斯尔(Friedrich Wilhelm Bessel,1784—1846)首先于 1835 年测出的,对于最近的恒星结果是0.76弧度秒(0.76″)。

　　上述反对意见只为几个专家认真地坚持。但还有一些其他的、科学的反驳,即使外行也可以理解。无论哥白尼还是开普勒都不能解释,地球这样重的物是怎样开始运动的,又是怎样保持运动的。过去人们相信天体是由轻物质组成的因而能够很容易运动,所以在地心说理论中其他的行星也运动这一事实并没有使他们困扰。哥白尼能够给出的最好的回答就是,对于任何球体来说,运动是自然的。同样麻烦的是这样一个问题:为什么地球的自转没有致使上面的物体飞到太空中去,就像一个旋转平台上的物体一样?的确,托勒密正是基于这个理由,拒绝承认地球的自转。更进一步的问题是,为什么地球自身没有飞散分崩?对于这后一个问题哥白尼回答说,因为运动是自然的,它就不会摧毁自身。他还反击道,地心说设定天空每天做快速运动,那为什么天空没有飞散分崩呢?完全没有得到回答的是这个问题:如果地球从西往东自转,抛向空中的物体落回地面时应该在其原来位置的西面。而且,正如自古希腊以来几乎所有的科学家所相信的,如果物体的运动与其重量成正比,为什么地球没有把较轻的物体落在后面?即使围绕地球的空气也应该被落在后面。尽管哥白尼不能解释地球上所有的物体都随它运动,他解释空气的存在时说,空气与地球相似,因而具有同感地随地球运动。开普勒提出了一种理论说,上抛物体在地球自转的同时还落回原处,是因为有看不见的有吸引力的链条将物体连在地球上。

反对新日心说的最合理的论据是,没人能感觉到地球的自转或公转。而很显然的是,人人都能看见太阳在动。对于著名的天文学家第谷·布鲁赫来说,这些和其他的论据决定性地证明了地球必然静止不动。

这些反驳论证的实质就是,地球的自转和公转与亚里士多德物理学不相符,而在哥白尼和开普勒的时代,亚里士多德物理学是被普遍接受的。所需要的是一种全新的运动理论。

对于所有这些反对论证,哥白尼和开普勒有一个精巧的答复。他们都取得了数学上的简化,都获得了一种具有压倒一切的和谐并在美感上高超的理论。如果数学关系是科学工作的目标,如果能给出一种更好的数学描述,这一事实又为上帝设计了世界并且很明显会运用高超的理论这样的信念所加强,这就足够压倒一切反驳。他们都相信并且清楚地陈述了,他们的工作揭示了神的工作室的和谐、对称和设计,是上帝存在的压倒一切的证据。

反对日心说的有分量的论证多种多样,而哥白尼和开普勒仍愿意探索日心说,这是一个历史之谜。几乎每一个巨大的思想创造几十年甚至几世纪之前就有人做了破冰的工作,至少回顾时来看是这样,这就使得那决定性的一步显得很自然。然而哥白尼没有直接的科学先驱,尽管地心说已被毫不质疑地接受了 1 500 年,他突然就接受了日心说,这在今天看来确实是不自然的。在 16 世纪的天文学家中,哥白尼像巨人一样屹立着。

正如我们已指出的,哥白尼确实阅读过古希腊著作,其中几个天文学家曾提出地球运动的观点,但没人试图在这个基础上建立一种数学理论,而地心说已得到精深的发展。哥白尼的观测也没有提示需要一种全新的理论。他的仪器和其先驱的一样粗糙,他的观测也一样。他为托勒密理论的复杂性所烦扰,当时这一理论已纠缠在更多的本轮中以适合阿拉伯和欧洲的观测数据。在他书里给教皇保罗三世的冠冕堂皇的献词中,哥白尼说当他发现数学家们在争论托勒密理论的合理性时,就第一次被激励去寻求一种新理论。不管怎么说,从历史的观念来看,他的科学成果的出现就像在平静的海面上突然升起一座大山一样令人吃惊。

　　事实上,一种特殊的宗教信念能解释哥白尼和开普勒工作的方向。一种能显示上帝更伟大庄严的新的可能性,对这种可能性仅仅一瞥就足以唤醒他们,点燃他们的思想。他们努力的结果满足了他们对上帝工作室中和谐、对称和设计的期望。新理论的数学简单性证明了上帝会优先采用它,而不是一种更复杂的设计方案。

　　托勒密曾宣称在解释现象时有必要采用适合现象的最简单的假说。哥白尼就用这个论据来反对托勒密理论。因为他相信宇宙是上帝的作品,他将他所发现的简单性解释为真实的设计。因为开普勒的数学更为简单,他就更有理由相信他已发现了上帝在建造宇宙时所运用的规律。开普勒这样评价他的理论:"我在内心深处肯定它为真实的,我带着惊人的狂喜来鉴赏它的美。"

　　他们的思想中也有一种神秘因素,这在现在的伟大科学家中是不正常的。构想和建立一种日心理论的灵感来自对于太阳威力的某种模糊甚至原始的反应。哥白尼写道:"地球孕育自太阳,太阳统治星星家族。"下面的论断又加强了上述论证;"在这最美丽的神殿中放置这盏灯使它能同时照亮整体,谁能找到另外的更好位置吗?"

　　尽管有神秘的和宗教的影响,但是哥白尼和开普勒在拒绝任何不符合观测数据的猜想时是彻底理性的。使他们的工作与中世纪的玄想相区别的,不仅是其理论的数学框架,而且还有他们对使数学符合实在的坚持。此外,对于一种更简单的数学理论的偏好是一种完全现代的科学态度。

尽管有反对地球运动的有分量的科学论证,尽管有宗教和哲学上的保守主义,尽管公然违背常识,新理论还是逐渐被接受了。尤其是开普勒的成果公布后,新理论的简单性使数学家叹服。此外,新理论对于导航计算和历法测算更为方便,因而即便是好多没有相信其真理性的地理学家和天文学家也开始采用它。

开始时只有数学家支持新理论,这并不意外。只有数学家,只有一个相信宇宙是根据数学简单设计的人才有心智上的坚毅,忽视占主导地位的哲学、宗教和物理信念,建立一种革命性的数理天文学。只有一个人毫不动摇地相信数学在宇宙设计中的重要性,才敢于面对新理论必然碰到的强有力反对,依然坚持新理论。

日心说找到了一位极有天赋的辩护者,那就是伽利略·伽利莱(Galileo Galilei, 1564—1642)。他生于佛罗伦萨,17岁进入比萨大学学习医学。他阅读了欧几里得和阿基米德的著作,激起了对数学和科学的强烈兴趣,就转向了这些领域。

帕杜阿大学提供了一个教授职位,这使伽利略于1592年前往意大利西北部。帕杜阿当时在进步的威尼斯共和国境内,伽利略享有完全的学术自由。1610年伽利略以前的学生乔西莫·德·美底奇大公请伽利略作了宫廷哲学家和数学家。迁到佛罗伦萨标志着他教书职业的结束和作为全职科学家职业的开始。

1609年夏天伽利略风闻荷兰人发明了一种东西,通过它远处的物体像在近旁一样清晰可见。伽利略抓紧时间建造了自己的望远镜,并逐渐改进镜片直到达到了 33 倍的放大倍数。在向威尼斯参议院戏剧性的演示中,伽利略展示了他的望远镜,在敌人的军舰到达两个小时之前就有发现它们。

但伽利略对他的仪器有更宏伟的计划。将望远镜对准月球,他观察到广大的凹陷和雄伟的大山,因而破除了月球表面是平滑的这一观念。观察太阳,他发现了其表面的神秘斑点。他还发现木星拥有 4 个环绕的月球(现在我们能观察到 16 个)。这一发现显示了一颗行星可以像地球一样拥有卫星。伽利略在《恒星信使》(*The Starry Messenger*, 1610)中宣布了这一发现,将他在 1610 年观察到的木星的 4 个月球描述为"不属于不显眼恒星群,而属于行星的明亮等级"。他将这些月球称为"美底奇行星",以赞美强大的佛罗伦萨赞助者,伽利略少有政治上如此英明的行为。

哥白尼曾经预言说,如果人的视力得到增强,我们就能观察到金星和水星的盈亏,也就是说,能观察到每个行星面对地球的一面被太阳照射到的面积或大或小,正如裸眼能辨认出月球的盈亏。伽利略的确发现了金星的盈亏。这就进一步证明了行星和地球一样,当然不是如古希腊和中世纪思想家所相信的那样是完美的物体,由某种特殊的以太构成。天河,看起来只是一条宽的光带,用望远镜来看是由成千上万的星星组成,每一个都放出光芒。如此看来,还有其他的太阳,大概还有其他的行星系悬在天上。此外很明显天空中不只包含 7 个运动物体,而这个数字被认为是神圣不可侵犯的。通过观测,他相信哥白尼体系是正确的。

伽利略对日心说的辩护惹恼了罗马的宗教裁判所,后者于 1616 年宣布此学说为异端邪说,审查了此学说。1620 宗教裁判所禁止了所有教导此学说的出版物。尽管教会有这些关于哥白尼学说的禁令,教皇乌尔班八世还是允许伽利略出版一本关于此论题的书,因为他相信没有人会证明新理论必然是真的。因此,在《关于两大世界体系的对话》(*Dialogue on the Great World Systems*,1632)一书中,伽利略比较了地心说和日心说。为取悦教会而能通过审查,他加了一个序言,大意是日心说只是想象的产物。伽利略被告诫,将地心说和日心说介绍的同样有根据,但他对后者的偏向是很明显的。不幸的是,伽利略写得太好了,教皇开始害怕对日心说有利的论证会像包在银箔中的炸弹一样,仍能对天主教信仰起很大的损害。罗马宗教裁判所又一次传唤了伽利略,并以肉体折磨威胁他。伽利略被迫宣布:"哥白尼体系的虚假性是不容置疑的,尤其对我们天主教徒来说。"1633年,伽利略的《关于两大世界体系的对话》被列在禁书之列,禁令直到1822年才解除。

我们生活在一个太空探险的时代,太空船能带人登月,能到达我们太阳系中最远的行星,因而不能再怀疑日心说的真理性。然而,对那些生活在17、18世纪的人们,即便是那些能理解哥白尼、开普勒和伽利略著作的人,也有充分理由持怀疑态度。感官证据与这一理论冲突,而哥白尼和开普勒的数学论证,除了哲学信念外只是建立在日心说的相对简单性上,因而很少有说服力。

现代科学在哥白尼和开普勒的工作中还看出了更多的含义。伊巴谷和托勒密在关于均轮和本轮的地心说中所组织起来的观测数据,也可以整合在哥白尼和开普勒的日心说中。尽管后两位相信新理论是真实的,现代的观点认为两种理论都可以。除了能得到数学上的简单性外,没有必要采取日心假说。存在远远不像哥白尼和开普勒所相信的那样可知,今天科学理论被看作是人的发明。现代天文学家可能会同意开普勒所说的,天空宣布了上帝的荣耀,天空显示了上帝的作品。然而,他们现在

认识到对上帝作品的数学解释是他们自己的创造,数学简单性
胜过了他们的感觉。那么,如何确定在我们的物理世界中什么
是真实的?

第5章
数学主导了物理科学

我们可以说大门已经第一次对一种新方法敞开，这种新方法充满了多种奇妙的结果，将来会引起其他人的关注。

伽利略·伽利莱

在探索数学如何揭示和确定我们关于物理世界的知识的过程中，我们已见到人们接受行星运动的日心理论是出于数学的理由。如果数学上的优点不是那样明显，这一理论能否生存是很难说的，尤其是考虑到教会的反对。然而，这一理论的确存活下来了。我们将看到，其他理论也是这样，尽管违背我们的感官知觉或迫使我们接受感官知觉达不到的物理实在。接受这种理论的基本理由是从17世纪开始的数学对科学的统治，再加上那个时代普遍接受数学是真理这一信念。我们的主要目的是探讨数学关于我们的物理世界能揭示了什么，但现在我们将偏离这一目的，来看看数学是如何成为真理的顶点，成为研究物理世界的非常有效的工具。

以萨克·牛顿（Isaac Newton）勋爵曾说过，他是站在巨人的肩膀上。这些巨人中最魁伟的就是勒内·笛卡尔和伽利略·伽利莱。现代数学所取得的巨大成就不仅归功于数学的不断增长，而且归功于这两位 17 世纪超群的思想家所开创和追寻的方法。

在 17 世纪以前，科学思想的体系和科学活动的本性源于亚里士多德。亚里士多德研究方法的主要特征是寻求物质的或质的解释。亚里士多德学派试图用他们相信是基本的质或实体，例如热与冷、湿与干，来解释地球上的现象。他们认为这些质的结合产生了四种元素——地、空气、火、水。这样，热与干的质产生了火，热与湿产生了水，如此等等。四元素的每一种都有一种独特的运动。火是最轻的，自然寻找天空，而土质的东西自然寻找地球的中心。亚里士多德还研究了他所说的剧烈运动，其中一物打击、驱动另一物。

固体、液体和气体被认为是三种根本不同质的物质，而不是如我们所说的，是同一物质的三种状态。对于希腊人来说，从液态变到气态是一种质的丧失、另一种质的获得。不同的物体基本的质不同。例如，他们认为，在将水银变成金子的过程中，就去除了水银中液体的质，而代之以坚硬的质。在近代化学的早期阶段仍然遵循这种关于基本质的观念。照这样看，硫含有可燃的质，这种质叫燃素；盐含有可溶质；金属含有水银质。直到 19 世纪，热还被看成一种叫做热素的质，当物体获得热时，就得到了热素；失去热时，就失去了热素。

亚里士多德学派试图根据物体所含有的质或者基本物质来给物体归类，因而它们的主要目标之一就是归类，这种方法在生物学中仍是基本的。为解释一个事件如何引起另一个事件，亚里士多德学派构造了一种精致的方案，其中所有的现象都因四种原因而发生：质料因、形式因、致动因和目的因。为区分这些原因,我们来考虑一个艺术家做雕像。质料因是石头和艺术家的工具;形式因是艺术家头脑中的设计;致动因是艺术家在雕琢石头;目的因是雕像在美化房间或建筑中的目的。目的因或目的因是最重要的,因为它使整个活动有意义。在这一方案中,数学在哪里?因为对古希腊人来说大部分数学是几何学,而几何学研究的是图形,数学主要在描述形式因时有用,而这是相当有限的作用。

亚里士多德学派研究自然的方法在中世纪和文艺复兴时期能占统治地位有几个原因。亚里士多德的著作包罗万象,比其他希腊人的著作传播更广。更重要的原因是,亚里士多德关于目的因的理论为天主教神学所采纳和支持。对地球上的人类生活的解释是,它为我们走向天国做准备;教会普遍解释地球上的现象是为上帝的意图服务。

尽管没有必要追踪文艺复兴的历史,但我们可以肯定地说,到 1600 年,毫无疑问,欧洲科学家为数学在研究自然中的重要性所影响。最强的证据就是,为了一个在当时只有数学上的优点的理论,哥白尼和开普勒就愿意推翻旧的天文学、力学和宗教教义。

为什么起始于 17 世纪的科学结果证明是正确的?那些做出贡献的人如笛卡尔、伽利略、牛顿、惠更斯和莱布尼茨比古代文明中的科学家智力更高吗?很难说。是因为越来越多地采用观察、实验和归纳这些罗杰·培根和弗兰西斯·培根所倡导的方法吗?显然不是。利用观察和实验在文艺复兴时期可能是一项革新,但这种研究方法古希腊科学家至少是熟悉的。仅仅是数学在科学研究活动中的运用也不能解释现代科学的惊人成就。尽管 17 世纪的科学家知道他们工作的目标就是寻找出各种现象背后的数学关系,但对于科学活动来说探求自然界的数学关系并不是什么新鲜事。

如果只是遵循古代文明的足迹，大概就不会有现代科学的惊人成功，以及导源于 17 世纪及后来的科学创造新数学的巨大动力。在 17 世纪，笛卡尔和伽利略改革并重新表述了科学活动的本性。他们选择了科学应该运用的概念，重新定义了科学活动的目标，改变了科学的方法论。他们的重新表述不仅给予了科学前所未有的力量，而且将科学牢牢地与数学捆在一起。事实上，他们的方案几乎将理论科学还原为数学。为理解从 17 世纪以来推动数学的精神，我们必须首先考察笛卡尔的观念。

当笛卡尔在位于弗莱舍(La Flèche)的学校读书时，就开始思考人类怎么会知道那么多真理。部分是因为他有一颗批判性的头脑，部分是因为他生活在一个统治欧洲上千年的世界观正受到激烈挑战的时代。教师和教派领袖强烈、教条式宣布的信条不能再满足笛卡尔了。当他意识到他是进了欧洲最有名的学校之一，并且自己并不是一个低能的学生时，就感到更有理由持怀疑态度。在学完课程后，他得出的结论是，哪里也没有确定的知识体系。他所受的教育只是使他发现了人类的无知。

应该承认，他的确认识到通常类型的学习中有一些价值。他承认雄辩术有无与伦比的力量和美，诗歌有销魂的优雅与狂喜，但是他认为这些是天赋而不是通过学习得来的。他敬重神学因为它指出了通向天国之路，他自己也想到天国里去。但是"因为习惯于这样理解：通往天国之路对于无知的人像对于有学问的人一样畅通，并且导向天国的天启真理超出了我们的领悟能力"，他不敢擅自将这些真理放在他无能的理性下来考察。他承认哲学"提供了貌似握有真理地谈论所有事情的手段，博得了头脑简单之人的赞赏"，然而(迄今)它没有产生任何不容置疑的东西。在批评了其他的学问，包括法学、医学和道德学以后，笛卡尔发现只有数学才是通向真理的可靠道路。

笛卡尔明确表示他相信数学是科学的精髓。他写道:"除了几何学或抽象数学中的原理外,他不承认也不希望有任何物理学原理,因为用这些原理就可以解释自然界的所有现象,有些现象还可以证明。"客观世界是空间的充实或几何学的具体化,因而其性质可以从几何学的第一原理推导出。

笛卡尔详细阐述了为什么世界可由数学格致。他坚称物质最可靠最基本的性质就是形状、空间中的广延以及空间和时间中的运动。因为形状只是空间中的广延,所以广延和运动是基本的实在。这样笛卡尔宣称:"给我广延和运动,我将造出宇宙。"

笛卡尔说,为了确立真理,应该用数学方法,因为这种方法超越它的研究对象:"它比人类流传下来的其他获取知识的工具更有力量,是其他工具的源泉。"沿着同样的思路他继续说道:

> 所有研究目的关乎秩序和尺度的科学都与数学有联系,这种尺度是在数量、形状、星星、声音中寻找还是在其他的物体中寻找是不重要的。因此,应该有一门普遍的科学来解释所有关于秩序和尺度的知识,独立于对于任何研究对象的运用;这门科学的专名已为长期的用法所神圣化,这就是数学。它在用处和重要性上远远超过依赖于它的科学,证据就是它同时包括了这些科学和许多其他的科学所追求的目的。

他的结论是:

> 几何学家习惯用来达到他们最难的证明之结论的那种简单而容易的推理链,促使我设想,人类有能力知道的所有事物都是以同样的方式相互关联。

从他对数学方法的研究中,他分离出在任何领域中获取精确知识的原理(包含在 *Rules for Direction of Mind* 中)。除了那些如此清楚而明确地显示于他的头脑以至于排除任何怀疑的东西外,他不接受任何东西是真的。他把难题分析为更小的难题;他从简单到复杂逐次研究;最后彻底总列和重审他的推理步骤,不漏掉任何东西。心智直接把握清楚明确的基本真理,这种直觉力和对于结果的推导是笛卡尔关于知识的哲学之精髓。那么他如何区分可接受的与不可接受的直觉? 答案就在"清楚""分明"这两个词。他在第三条规则中说道:

> 关于我们打算研究的对象,我们应该探求的既不是别人的想法也不是我们自己的猜想,而是我们能够清楚明显地直觉地或确定地推导的,因为获取知识没有其他的方法。

按照笛卡尔的说法,只有两种心智活动能使我们达到知识而没有犯错之虞:直觉和推理。他在后面的段落中给出定义,这是这些规则对于清楚理解它的方法几乎不可或缺的又一个范例:

> 我所用的直觉,意思不是不稳定的感官证据,也不是带着无用构造的想象力的虚假判断,而是纯粹、专注的心智的概念构造能力,这是如此容易如此明确以致关于我们所正在理解的东西没有任何怀疑。或者换一种说法,直觉是纯粹、专注的心智的不怀疑的概念构造能力,只来自于理性之光,甚至比推理更为确定因为它更简单;尽管如我们上面已说过的,在推理中人类心智也不可能犯错。这样根据直觉人人都明白他存在,他思想,三角形只由三条线段所围,球体为单一平面所围,以及其他类似的事实。

为加强他对人类能够通过数学发现自然规律的信念,在《论正确地引导理性在科学中寻求真理的方法》(*Discourse on the Method of Rightly Conducting the Reason and Seeking Truth in the Science*，1637)一书中,他论证道,因为上帝不会欺骗我们,我们可以确信,心智清楚明确地认识的真理以及我们通过纯粹的心智过程得出的推论,确实适用于物理世界。

至于对物理世界的研究,笛卡尔确信数学就足够了。他在《哲学原理》(*The Principles of Philosophy*)中说道:

> 我坦率承认,关于有形体之物,除了几何学家称作量并作为他们证明的目标的东西,我不知道还有其他的东西。在研究它们时,我只考虑部分、形状和运动。总之,除了那些可从普遍的观念(其真理性不容置疑)用在数学证明中一样可靠的明证推导出的以外,我不承认任何东西是真的。既然用这种方式就可以解释一切自然现象,我们认为不应该再承认其他的物理原理,或者说,我们没有权利再寻找其他的。

尽管笛卡尔赞美数学方法而且认为他能将所有的科学归化为数学,令人意外的是,他很少运用数学。除了他在通信中提到的结果外,他只写了一本简短的数学书,即著名的《几何学》(*La Géométrie*),在那里他独立于费马创造了解析几何;这是他的哲学巨著《论方法》(*Discourse on Method*)的三个附录之一。在他1638年7月27日给马林·美塞纳的信中,笛卡尔写道:

> 我决心放弃的只是抽象几何,即对那只是用于锻炼头脑的问题的思考,这是为了研究另一种几何学,这种几何学的目的是解释自然界的现象。

在《论方法》中笛卡尔进一步说道:

　　物理学知识使他看到,有可能获得对生活非常有用的知识,并且取代学校所教的思辨哲学。我们可以发现一种实用的哲学,通过这种哲学,我们知道火、水、空气、星星、天空以及我们周围的所有东西的力和作用,从而使我们自己成为自然的主人和加工者。

　　《论方法》的一个附录显示了他对应用的兴趣。他试图改进望远镜和显微镜。他还做了生物学研究,并且,尽管他强调心智的力量,他也做了一些实验。

　　既然笛卡尔将外部世界看作只由运动的物质组成,他如何解释味道、气味、颜色和声音的性质呢? 这里笛卡尔采用了古老的希腊信条,即第一性质和第二性质的信条。用德谟克里特(Democritus,约公元前 460—前 370)的话来说,这个信条就是"苦与甜、冷与热以及颜色,所有这些东西都只是存在于意识中而不是在实在中;真实的存在是微粒,即原子以及它们在虚无的空间中的运动。"第一性质,即物质和运动存在于物理世界;第二性质,味道、气味、颜色、温暖以及声音的悦耳和难听,都只是第一性质在人的感官上引起的效果,即通过外部原子作用于人的感官引起的。

　　笛卡尔用一块蜂蜡来说明第一性质和第二性质的区别。他说,蜂蜡有甜味、气味、颜色、形状和大小,并且它坚硬而冷。受到打击时它发出声音。然而,假如有人将它放在火旁边,它的味道和气味就消失了,颜色就变了,形状改变了,体积增加了,它变成了液体而且很热。再打击它就不会发出声音了。总之,几乎所有的性质都改变了,然而它还是同一块蜂蜡。根据什么把它看成同一个物体? 心智超越了感官,将蜂蜡的广延和运动看作基本的。

　　对于笛卡尔来说,存在两个世界:一个是存在于空间中的巨大的数学机器,而另一个是思想的心智的世界。前一个世界中的元素在后一个世界中作用的效果就产生了物质的非数学的或者说第二性的性质。真实的世界是可用数学表达的物体在空间和时间中的运动的总和,而整个宇宙是一部巨大、和谐、根据数学设计的机器。

甚至笛卡尔还用纯数学的术语来解释原因和结果。因果关系是公理和定理与它们推导出的定理的关系。在由公理预先决定的模式中,新定理只是旧定理的逻辑结果。原因只是理由。对于感官来说,原因和结果在时间中相续,一个似乎对另一个有作用;然而,这种在时间中接续的表象和物理必然性的印象都归因于感官的有限性。

然而他必须发现简单、清楚、明确的真理,它们在他的哲学中起的作用将和公理在数学中起的作用一样。他探索的结果很有名。从没有受到他怀疑损害的可靠源泉,即他的自我意识中,他抽出了建造哲学的基石:(1)我思故我在;(2)每一个现象必有一个原因;(3)结果不能大于原因;(4)完美、空间、时间和运动的观念是头脑中固有的。

因为怀疑的那样多而知道的那样少,所以人类是不完美的。然而,根据笛卡尔上面的公理(4),人类头脑中的确有完美的观念,尤其是关于一个全知、全能、永恒、完美的存在的观念。这些观念是如何产生的呢?根据公理(3),不完美的人类头脑导不出或造不出关于完美的存在的观念;因而它只能从完美存在的实在中得出,这个完美存在是上帝,所以上帝存在。

完美的上帝不会欺骗我们,所以可以依靠我们的直觉来得出一些真理。因而,数学公理作为我们最清楚的直觉,必然是真理。而定理必然是正确的,因为上帝不会允许我们虚假地推理。

关于自然的知识应该用于为人类谋福利。有人宣称数学提

供了施展个人发明天赋的机会,并提供了展示智巧和克服难以
捉摸的困难的满足感。笛卡尔回答说,由于有了新的代数方法
(他是指他和费马独立发现的解析几何),数学已变成了人人都
能学会的力学科学。

　　尽管笛卡尔的哲学和科学信条颠覆了亚里士多德主义和经
院哲学,在一个基本面上他仍是一个经院哲学家,因为他从自己
的头脑中得出关于存在和实在本质的命题。他相信先验真理的
存在,智力能利用自己的力量达到关于一切事物的完美知识。
这样他在先验推理的基础上陈述运动定律。然而他的确宣布了
一种普遍系统的哲学,这种哲学击破了经院哲学根据地,开通了
思想的新渠道。通过将自然现象还原为纯粹物理的事件,他对
驱除科学中的神秘主义和超自然力做出了贡献。此外,因为他
用大胆和创新的概念和方法,与他那个时代的几乎所有科学难
题格斗过,他激励了其他人去创造新的科学理论。笛卡尔的著
作在 17 世纪后半期影响特别大。他的演绎和系统的哲学使同
时代人尤其是牛顿认识到运动的重要性。对笛卡尔哲学进行解
释的精装书装饰了小姐、贵妇的梳妆台。

　　我们的目的不是详细阐述笛卡尔遵循的哲学道路,不管这
是多么有研究价值。与我们的主题有关的是,数学真理和数学
方法是如何在 17 世纪的思想混乱中引导了一个伟大的思想家
摸索道路。他的哲学确实可以描述为数学化的哲学。它远远不
像中世纪和文艺复兴时期笛卡尔的先驱的哲学那样神秘、形而
上和神学化,而是更为理性。仔细考察他的数学步骤中包括的
意义和推理就会发现,笛卡尔教导我们从自身寻找真理,而不再
做古人和权威的学生。在笛卡尔身上,神学和哲学分道扬镳了。

　　我们已经讨论过作为日心说捍卫者的伽利略。他也提出了
一种关于科学的哲学,大部分与笛卡尔的哲学一致,但是结果证

明它更为彻底、是更为有效。伽利略阅读自然之书,提出了关于科学目标和数学在达到这些目标中的作用的全新的概念。伽利略在研究和征服自然的过程中开创了现代数学物理学。

我们还不清楚是什么导致伽利略提出关于科学方法论的革命性的观念。他知道,托勒密称他的地心说只是数学方案,他知道哥白尼引用数学简单性来为他的日心说辩护(开普勒也是这样,不过伽利略忽视了开普勒的工作)。伽利略赞同哥白尼和托勒密的观点——世界是根据数学设计的。在他著名的书《恒星使者》(*Sidereal Messenger*,1610)中,他写道:

> 哲学(自然)写在永远展现在我们眼前的大书上。我是指宇宙,但是如果不首先学习写这本书所用的语言,不掌握所用的符号,我们就不能理解它。这本书是用数学语言写的,符号就是三角形、圆形和其他的数学图形,没有它们的帮助,人类就不可能理解书中的一个字,只能徒劳地在黑暗的迷宫中漫游。

大自然是简单而有秩序的,它的行为是有规则的而且是必然的。它按照完美而不变的数学规律活动。神的理性是大自然中的合理性之源。上帝将严格的数学必然性放进这个世界,而人类,尽管其理性和上帝的理性相关,却只有通过艰苦努力才能掌握。因而数学知识不仅是绝对真理,而且像圣经中的任何一行一样神圣不可侵犯。事实上,数学更为优越,因为关于圣经有许多不同意见,而关于数学真理却不可能有不同意见。此外,研究自然像研究圣经一样虔敬:"上帝在大自然的活动中向我们展示,他自身和在圣经的神圣措辞中展示自身一样令人敬仰。"

尽管笛卡尔向着发现运动规律迈进了一步,他并没有直接面对日心说引入的问题。在这个理论中,地球既自转又围绕太阳公转。那么为什么物体和地球一起运动？如果地球不再是宇宙的中心，那么为什么落下的物体还落向地球？此外，所有的运动，例如抛体运动的发生似乎和地球静止时一样。需要新的运动原理来解释这些地球上的现象。

为伽利略所提出并为后继者所遵循的有胆识的新方案就是，获取对于科学现象的量的描述，而不依赖于任何物理解释。伽利略的方案可用一个例子来说明。一个球从一人手中落下，在这样一个简单的情形中人们可能会对球为什么落下作无穷无尽的思辨。伽利略建议我们做另外的事情。从球落下的瞬间起，随着时间的过去，球从起始点落下的距离不断增加。用数学的语言来说，球落下的距离和落下所用的时间是变量，因为两者都随着球的下落而变化。伽利略寻求这些变量之间的数学关系。他所得到的答案，如今用那种叫做公式的数学速记法写成。就我们的例子来说，这个公式就是 $d = 16t^2$。这个公式表明，在 t 秒钟内落下的英尺数 (d) 是秒数平方的 16 倍。例如在 3 秒钟内球下落 16×3^2 即 144 英尺；在 4 秒内球下落 16×4^2 即 256 英尺，如此等等。

请注意这个公式是简洁的、精确的并且在量上是完整的。公式 $d = 16t^2$ 关于球为什么落下什么也没说。它只是关于球怎样落下给出了量的信息。更进一步，尽管这样的公式是用来联结科学家猜想是有因果联系的变量，然而，他成功研究这种情况，却不需要探究或理解因果联系。伽利略强调数学描述而反对对自然界作不那么成功的质的和因果的探究。他对于这个事实是看得很清楚的。

因而，是伽利略寻找数学公式的决断描述了自然界的行为。像许多天才的思想一样，这种思想初看可能不会给人留下深刻印象。这些质朴的数学公式似乎没有真正的价值。它们什么也没解释,只是用精确的语言描述。然而这样的公式已证明是人类所获得的关于自然的最有价值的知识。我们将看到,现代科学的惊人的实践和理论成果主要是通过量化的、描述的知识获得的,而不是通过对于现象的原因作形而上学的、神学的甚至机械的解释。

伽利略在他的《关于两种新科学的讨论和数学证明》(*Discourses and Mathematical Demonstrations Concerning Two New Sciences*,1638)中说道:"落体运动的加速度的原因不是研究中的必要部分。"他指出,他将研究和证明运动的性质而对原因不加考虑。建设性的科学探索必须和关于最终原因的问题分开,必须抛弃关于物理原因的思辨。伽利略也学会这样劝诫科学家们:你们的事不是推断为什么,而是量化。

对于伽利略的这种思想的第一反应可能是否定的。用公式描述自然现象似乎只是第一步。似乎是亚里士多德真正领悟了科学的真正功能,即我们应该对于现象发生的原因作物理的解释。即使笛卡尔也反对伽利略寻求描述公式的决断:"伽利略关于物体在空间中的下落所说的一切都没有可靠的基础;他本应该首先确定重量的本性。"而且,笛卡尔说道,伽利略应该反思终极的理由。然而,根据后来的发展,我们现在知道了,伽利略寻求描述的决断是关于科学方法论的最深刻、最有成效的思想。其意义后来更明显了,即他将科学直截了当地放进了数学领域。

寻求描述现象的公式的决断引起了这样的问题:"哪些量应该由公式联结?"一个公式联结的是变化的物理存在的数值,因而必须度量这些存在。伽利略遵循的下一个原则就是,度量那些可度量的,并把那些还不可度量的变成可度量的。这样他的问题就变成了,将自然现象中那些基本的能被度量的侧面分离出来。

笛卡尔已经专注于在空间和时间中运动的物质,将它们作为自然界的基本现象。因而伽利略试图将运动的物质的可度量、可由数学规律联结的特征分离出来。分析和反思自然现象后,他决定集中研究这些概念:空间、时间、重量、速度、加速度、惯性、力和动量。在选择这些性质和概念时,伽利略又一次显露了他的天才,因为他所选择的并不能直接认出是最重要的,也不是容易测量的。有一些,例如惯性,并不能明显看出是物质所拥有的,其存在不得不从观察中推断出。另一些,例如动量,是造出来的。不管怎么说这些概念最后被证明在解释自然界的秘密时是最有意义的。

伽利略科学研究方法中的另一个要素后来证明也同样重要。科学需要将数学模型作为模式。伽利略和他的直接后继者确信他们能发现一些关于物理世界的规律,这些规律像欧几里得的几何学公理"通过两点可以画一直线"一样确定无疑。也许静观、实验或观察能提示这样的物理学公理。不管怎么说,这些公理一旦发现了,其真理性在直觉上是明显的。在这方面和笛卡尔一样,有了这些基础性的直觉,伽利略希望,像从欧几里得公理推出定理一样,严格地推导出一些其他的真理。

然而,在获取第一原理的方法这方面,伽利略彻底背离了古希腊人、中世纪的人甚至笛卡尔。伽利略以前的人和笛卡尔相信心智提供了基本的原理。对于任何现象,心智只需要想一想,就能立即认出基础性的真理,正如数学中所证明的那样。在思考数或几何图形时,像"相等数加相等数得出相等的数""两点决定一条直线"这样的公理马上会自己显露出来,是不容置疑的真理。古希腊人发现一些物理原理同样有吸引力。宇宙中万物应该有一个自然的位置,这只是适宜而已。静止状态很明显比运动状态更自然。因为天体是完美的,以固定的周期重复运动,而且因为圆是重复运动的完美的曲线,很明显天体必然做圆周运动,或者至少其运动是圆的组合。看来同样不容置疑的是,为使物体开始运动并保持运动,必须施加力。相信心智提供了基本原理,并不否认观察可能走进获得这些原理的过程。然而观察只是唤起了这些正确的原理,正如看见一张熟悉的脸会使头脑想起关于这人的事情。

伽利略强调,获得正确的基本原理的方法是关注自然所说的而不是心智所喜欢的。他公开批评这样的科学家和哲学家,关于自然,他们接受那些符合他们预想的规律。并不是自然先造了人的头脑,然后再这样安排世界以使它可被人的智力所接受。对于重复亚里士多德并争论他著作的那些走不出中世纪传统的人,伽利略批评说,知识来源于观察而不是书本。争论亚里士多德的语词是没有意义的。他称这样做的人为纸上的科学家,幻想科学可以像《埃涅阿斯纪》(Aeneid)或《奥德赛》(Odyssey)那样来研究,或者可以通过校勘文本来研究。自然按照其喜好造物,而让人的理性尽最大努力来理解她。"当我们让自然权威的命令不起作用时,……,大自然才不管她深奥的理性和操作方法是否能为人的能力所及。"

许多伽利略的先驱也这样批评。莱奥纳多·达·芬奇(Leonardo da Vinci)曾说过,起始于思想并终止于思想的科学并不能得出真理,因为没有经验进入这些思考,仅仅思考什么也不能确定。"如果你不依赖于大自然的坚实基础,你的劳作将很少获誉,很少获益。"伽利略的同时代人弗兰西斯·培根高声提倡,排除占据人的头脑阻止人们看见真理的各种偶像。然而,在伽利略之前,利用经验来获得基本原理只是在摸索阶段,没有确定的方向。

然而作为一个现代人,笛卡尔却不承认伽利略依赖于实验之明智。他说感觉事实只能导致幻觉。而理性能够穿透这些幻觉。从头脑所提供的内在的普遍原理中,我们能够推导出自然现象并理解它们。在许多科学工作中,笛卡尔做实验,要求理论符合事实,但在其哲学中笛卡尔仍然维系在头脑中的真理。

尽管伽利略做实验目的明确并且结果很有说服力,但我们不能得出结论说:实验大规模地进行,成为科学中新的具有决定性的力量。直到 19 世纪情形才是这样。当然 17 世纪有一些著名的实验科学家:物理学家罗伯特·胡克、化学家罗伯特·玻意耳、数学家物理学家克利斯提安·惠更斯,更不用说伽利略本人和以萨克·牛顿勋爵。就实验来说伽利略只是一个过渡性人物,并不是如人们所称道的那样,是一个实验科学家。他相信几个判决性的实验和敏锐的观察就可以很容易产生正确的基本原理。甚至牛顿也是这样。牛顿强调说他依赖于数学,他做实验主要是为了使他的结果在物理上可理解并使“俗人”信服。伽利略的许多所谓的实验其实是“思想实验”。也就是说,他利用经验去想象如果做一个实验会产生什么样的结果,然后就确信地得出推论,似乎他实际上已做了实验。他在其著作中描述了他从未做过的实验。尽管哥白尼所留下的日心说并没有很好地与观测符合,他还是支持它。在描述在斜面上运动的实验时,伽利略并没有给出实际的数据,而是说就他那时可用的低劣的钟表来说,实验结果与理论符合的精确度是可信的。从大自然中得出的几个基本原理和很多数学推理构成了伽利略的方法。在《关于两大世界体系的对话》中,当他描述从运动的船的桅杆落下的球的运动时,其中的一个人物辛普里丘问他有没有做过实验。伽利略回答说:“没有,我不需要实验,无需经验我就能确信它就是这样,因为它不能是其他的样子。”他说他事实上很少做实验,做实验主要是为了反驳那些不遵循数学方法的人。

伽利略的确有一些关于自然的预想，这使他确信几个实验就够了。例如当他研究加速度运动时，他设定的最简单的原理是，在相等的时间内速度的增加相等。他称之为匀加速运动。这样对于伽利略来说，科学事业中演绎的数学部分比实验部分起的作用要大。从单一的原理中流出丰富的定理，比发现这个原理本身更能使他感到自豪。这样我们就看出了一个模式：塑造了现代科学的科学家——包括笛卡尔、伽利略、惠更斯、牛顿，还包括哥白尼和开普勒——是以数学家的方式来研究自然，在普遍的方法和具体研究中都是这样。他们主要是思辨型思想家，期望通过直觉或关键性的观察和实验来抓住深广而且简单清楚的不变的数学原理，然后期望从这些基本真理中推导出新的定律，完全像在数学中建立几何学那样。演绎推理构成了科学活动的大部分，整个思想体系要这样推出。

伽利略预期只是几个实验就够了，这一点很容易理解。因为这些人相信大自然是根据数学设计的，在他们看来没有理由不像数学家研究数学问题那样来研究科学问题。正如约翰·赫曼·蓝道（John Herman Randall）在其《现代精神的形成》（*The Making of the Modern Mind*）中所说：

> 科学产生于对大自然进行数学解释的信念。……现代科学以自然哲学的身份兴起，并且以这个名称为人所知。这里包括哲学一词并不仅仅是偶然的，实际上描述了所用的方法。这是本质上依赖于理性的思想家所用的方法，在科学中，是依赖于作为理性的主要工具的数学原理和步骤。

不管怎么说，伽利略关于物理原理必须建立在经验和实验基础上的思想是革命性的、决定性的。伽利略本人毫不怀疑真实的原理——即上帝创造宇宙所用的——是可以获得。但是打开了经验之门,一不留神让怀疑的魔鬼溜了进来。因为,如果科学的基本原理必须来源于经验,为什么数学公理不是这样? 在1 800 年以前,这个问题并没有烦扰伽利略和他的后继者。直到那时数学还享有特权。

为到达现象的实质,伽利略提倡并施行了另一条原则,即理想化。他的意思是应该忽略一些琐屑的因素。这样,一个落向地面的球会遇到空气阻力,但只是落几百英尺空气阻力是微乎其微的,几乎在所有的情况下都可以忽略。同样,一个密实的物体有大小和形状,但在本质上可当作质点来处理;也就是说,可以把它所有质量看成都集中在一点上。他还忽略了与大小、形状、数量和运动等相对的第二性的性质,如味道、颜色和气味。也就是说,他采纳了区分物质第一性质和第二性质的思想。他说道:

> 白或红,苦或甜,声音或寂静,香味或臭味是在感觉器官上所产生效果的名称。它们不能被归到外部客体,正如有时接触这些物体时产生的痒或疼不能归到外部客体一样。……如果没有了耳朵、舌头、鼻子,我认为形状、数量和运动还存在,但将不会有气味、味道和声音。这些是从活的生物中得出的,我以为只是词语。

如此说来,形状、数量(大小)和运动是物质的第一性质,或者说物理上的基本性质。对于人的知觉来说,它们是真实的、外在的。

这样伽利略倡导剥去附带的或者说次要的效果以达到主要的效果。他从观察开始,然后想象如果去除了阻力将会怎样。也就是说,想象物体在真空中下落。这样他得到了这样的原理:在真空中所有物体按照同样的规律下落。观察到摆的运动受空气阻力影响很小,他就用摆做实验来证明他的原理。同样,猜想阻力的效果是次要的,他用光滑球做试验,让它滚下一个光滑的斜面,这样得出无摩擦运动的规律。如此说来,伽利略并不只是做实验然后从实验中得出推论。他在实验的解释中抛掉了相对不重要的东西。他的伟大,部分在于,关于大自然他问适当的问题。

当然,现实的物体是在有阻力的介质中下落。伽利略怎样解释这种运动? 他的答案是:

> 因此,为了以科学的方式来处理这个问题,有必要解除这些困难(空气阻力、摩擦等);在没有阻力的情况下发现并证明了这些定理,并在经验允许的限度内运用它们。

去除了空气阻力和摩擦力,寻求真空中的运动规律,伽利略想象物体在真空中运动。这不仅违背了亚里士多德甚至也违背了笛卡尔,而且他运用了理想化的方法,即为了他的目的抽象出根本的性质。他所做的正是数学家在研究现实的形状时所做的。数学家剥除了直线的原子结构、颜色和宽度,这样来得到一些基本的性质,然后来集中研究这些基本性质。以同样的方式伽利略达到了基本的物理因素。抽象的数学方法的确偏离了现实一步,然而貌似矛盾的是,这引导我们返回现实,其力量比同时考虑所有存在的因素时更强大。

在另一个策略中伽利略也显示了其智慧。他并没有像以前的科学家和哲学家那样试图包罗所有的自然现象。他选取几个基本的现象来集中研究。他认为谨小慎微地前进是明智的。伽利略显示了大师的自我约束。

这样,伽利略的方案有四个基本特点。第一个是寻求物理现象的量化描述并以数学公式来表达。第二个是将现象中最基本的性质分离出来度量，这些基本性质即公式中的变量。第三个是在基本物理原理的基础上演绎地建立科学理论。第四个是理想化。

为将这一计划付诸实施，伽利略需要发现基本的规律。一个人可以得出这样一个公式，来表示泰国婚姻的数量与纽约城马蹄铁价格的关系，这些数量每年都不同。然而这样的公式对科学毫无价值，因为它没有直接或隐含地包括任何有用的信息。对基本规律的寻求是另一个艰巨的任务，因为伽利略需要再一次与其先驱决裂。对运动物体的研究需要考虑地球在空间中的运动和绕其轴的自转。这些事实本身使文艺复兴时代所拥有的唯一有意义的力学体系，即亚里士多德的力学，归于无效。

伽利略起先倾向于接受亚里士多德的定律：重的物体落向地球时比轻的物体更快。然后他问自己说：假设我将重的物体分成两块，它们会像两个轻的物体一样下落吗？再假设我将它们捆在一起或粘在一起，又会怎样？它们现在是两块还是一块？他得出结论说，如果忽略空气阻力，所有的物体都会以同样的速度下落。

按照亚里士多德的说法，为保持物体运动需要施加力。因而，为保持一辆汽车或一个球运动，即使在非常光滑的表面上，也需要推动力。对于这一现象伽利略的洞察比亚里士多德更深刻。实际上是空气的阻力和接触面的摩擦阻碍了球的滚动和汽车的运动。如果这些阻碍的作用不存在，保持汽车运动就不需要推动力。它将无限期地以同样的速度持续运动，而且是沿着直线路径。一物不受力时将以恒定的速度沿直线持续运动，这一基本的运动原理是由伽利略独立发现的（笛卡尔也陈述过这个原理）。这现在称作牛顿第一运动定律。此定律是说，一物只有受力的作用时才会改变速度。这样物体拥有抵制速度之改变的性质。物质的这一性质,即对速度改变的抵制,称作惯性质量,或简单地叫做质量。

这第一个原理就与亚里士多德的相关原理矛盾,这意味着亚里士多德犯了明显的错误吗? 或者他的观察太粗糙太少而不能得出正确的原理? 绝对不是。亚里士多德是一个现实主义者,他所得出的确实是观察所实际提示的。而伽利略的方法更精致因而也更有成效。伽利略像数学家一样研究这个问题。他忽略了一些事实而关注另一些,这样就将现象理想化了;正如数学家关注一些性质、忽略另外的,而将拉直的弦和尺子的边理想化了。忽略摩擦力和空气阻力,想象运动在纯粹的欧几里得式的真空中进行,伽利略发现了正确的基本原理。

如果有力施加在物体上,那又如何描述其运动? 伽利略又做出了第二个基础性的发现:持续地施加力会使物体增加或减少速度。将在每个时间单位中速度的增加或减少叫做加速度。这样,如果一个物体每秒钟速度的增加或减少是每秒钟 30 英尺,它的加速度就是在一秒钟每秒钟 30 英尺,简写为 30 ft/s²。

例如,空气的恒定阻力引起速度的恒定减少,这就解释了这个事实:一个在光滑地板上滚动和滑行的物体其速度会持续减小,直到为零。与此相反,如果一个运动的物体拥有加速度,那一定是有力的作用。从某一高度落向地球的物体确实拥有加速度。这种力一定是地球的引力,这种观点在伽利略的时代已经有人接受了。然而伽利略没有费时间思索这种观点,而是研究关于落体的量。

他发现,如果空气的阻力忽略不计,所有落向地球表面的物体都有同样的恒定加速度 a。也就是说,它们以相同的变化率,一秒钟内每秒 32 英尺增加速度,用符号来表示就是

$$a = 32 \tag{1}$$

如果物体是自己落下,也就是说,只是从手中放开它,它将以零速度开始运动。因而,在一秒钟后它的速度是每秒 32 英尺;两秒钟后其速度是 32×2 或 64 英尺/秒,以此类推。在 t 秒后其速度 v 是 $32t$ 英尺/秒,用符号来表示为

$$v = 32t \qquad (2)$$

这个公式准确地告诉我们落体的速度如何随时间而增加。它还表明,物体下落时间越长,速度就越大。这是一个常见的事实,多数人都观察过,从高处落下的物体,撞击地面时其速度比从低处落下的物体要快。

我们不能通过速度乘以时间来得出落体在给定的时间内下落的距离,只有速度恒定时才会得出正确的距离。然而,伽利略证明,对于在 t 秒时下落了 d 距离的物体来说,正确的公式是

$$d = 16t^2 \qquad (3)$$

其中 d 是物体在 t 秒钟内下落的英尺数。例如,在 3 秒钟时,物体下落了 $16×3^2$ 即 144 英尺。

将公式(3)两边同除以 16,然后两边同取平方根,就得出物体下落给定距离 d 所需要的时间 t 的公式 $t = \sqrt{d/16}$。注意落体的质量没有出现在这个公式中。这样我们可以看出所有的物体落下给定的距离都需要同样的时间。这就是传说伽利略在比萨斜塔上让物体落下时所发现的。不管怎么说,人们还是觉得难以相信,让一块铅和一根羽毛在真空中从同样的高度下落时,会在同样的时间内到达地面。

所有物体落向地球时拥有的加速度 32 英尺/秒^2,是由地球引力产生的。当谈论地球表面附近的物体时,我们将施加在这些物体上的引力叫做重力。尽管伽利略没有将重力和质量联系

起来,我们还是应注意,地球上任何物体的重力 w 总是其质量 m 的 32 倍,用符号表示就是

$$w = 32m \tag{4}$$

这样,物体的两种不同的性质,重力和质量联结了起来：一个总是另一个的 32 倍。由于这种恒常的联系,我们易混淆这两种性质,不过我们应该清楚它们之间的区别。质量是抵制速度或方向之改变的性质,而重力是地球对物体的吸引力。如果物体在一个水平平面上,平面抵消了这种吸引力。因而,考虑水平平面上的运动时,物体的重力不起作用。但是物体的质量还起作用。我们在后面的章节将看到,区分质量和重力是多么重要。

强调数学的作用,从 17 世纪以后将其置于科学的前沿阵地,这一点我们应归功于深刻的、影响巨大的哲学家笛卡尔；然而是伽利略的方法论使人类能够揭示许多自然现象的行为模式,如果不用伽利略的方法,这些不会为人所知。

我们还可以讨论伽利略更多的具体数学成就,例如他对抛体运动的数学描述,但是我们主要关注其研究中的方法论。

随着 1638 年《关于两种新科学的讨论和数学证明》的发表,伽利略使现代物理科学驶向了数学的航道,奠定了现代力学的基础,并为所有现代科学思想树立了典范。我们将看到,牛顿继承了伽利略的方法论,无与伦比地展示了其有效性。

第6章
数学与引力的奥秘

> 我还没有从现象中发现引力的这些性质的原因，
> 我不构造任何假说……知道这些就够了：引力的确存
> 在，并按照我所说明的规律起作用；而且引力足以解释
> 天体的所有运动。
>
> 牛顿

1642 年，就是伽利略去世的那一年，在一个偏僻的英国村落的农场中，一位新寡的妇人生出了一个脆弱的早产儿。出身如此卑微，身体如此脆弱以至生命岌岌可危，但以萨克·牛顿竟活到85岁，并获得了人类的最高声誉。我们将看到，牛顿本质上用的是伽利略的方法，他继承伽利略未竟的事业。正如艾尔弗雷德·诺斯·怀特海曾说过的："伽利略发动攻击而牛顿大获全胜。"

除了对机械装置的强烈兴趣外，青年时期的牛顿并没表现出成大器的特别迹象。只是因为他对农作不感兴趣，他母亲送他去了剑桥大学，他于1661年进了三一学院。在那里他有机会研读笛卡尔、哥白尼、开普勒和伽利略的著作，并有机会聆听著

名数学家以萨克·班柔的讲课,尽管有这些优越条件,牛顿似乎获益很少。甚至他几何学很差,曾一度差点将主攻方向从自然哲学转到法律去。四年的本科学习结束了,他还是像刚入学时一样不起眼。

就在那时伦敦周围爆发瘟疫,剑桥大学关门。牛顿在宁静的家乡伍兹骚普度过了 1665 年和 1666 年。就在这个时期,牛顿开始了他在力学、数学和光学中的伟大发现。他意识到引力定律(我们马上会讨论)是普遍的力学学科之关键;他获得了一种处理微积分问题的通用方法;通过实验他获得了划时代的发现:白光如太阳光实际上是由从紫到红所有颜色光组成。牛顿后来说道:"所有这些都是在流行瘟疫的 1665 和 1666 年做出的。在那些日子里我正当创造发明之盛年,比后来的任何时期更关心数学和哲学(科学)。"

牛顿于 1667 年返回剑桥,被选为三一学院的特别研究员。1669 年以萨克·班柔辞去数学教授职位,献身于神学,牛顿接替了他的位置。牛顿显然不是一位成功的教师,因为很少有学生听他的课,也没有人对他所讲内容的独创性加以评论。

1684 年他的朋友埃德蒙·哈雷(Edmond Halley,以哈雷彗星而闻名)鼓励他出版关于引力的研究成果,甚至还帮他编辑并资助。就这样,在 1687 年,科学经典《自然哲学的数学原理》(*Mathematical Principles of Natural Philosophy*,常被称为《原理》)出版了。

此书出版后牛顿的确获得了广泛的称誉。《原理》出了三版,对它的通俗化解释很流行。实际上《原理》是需要通俗化解释的,因为它极其难读,对于外行来说一点也不清楚,尽管有些教育者认为容易清除。最伟大的数学家们工作了整整一个世纪才将书中的内容阐释清楚。

　　牛顿对于其先驱的贡献给予了适当的评价,但他并不相信他的工作具有无与伦比的重要性。他晚年对他的侄子说:

　　　　我不知道世人怎样看我,但在我自己看来,我只是一个在海边玩耍的小孩,时而拣到一块更光滑的鹅卵石或更漂亮的贝壳,以此自娱。而对于展现在我面前的真理的汪洋,我一无所知。

　　在牛顿青年时期的伟大贡献中,他的科学哲学和引力方面的成果对于我们的讨论最重要。这种哲学将伽利略发起的科学研究纲领表达得更清楚:从可清楚证实的现象出发,构造定律,这些定律用精确的数学语言描述大自然的运作。应用数学推理,可以从这些定律中推导出新的定律。像伽利略一样,牛顿希望知道全能的上帝如何造物,但他并不想探测许多现象背后的机制。

　　在《原理》的序言中,牛顿说道:

　　　　既然古代人(如帕普斯所言)推崇力学,认为它在研究自然物时最重要,而现代人拒斥实体形式和神秘性质,致力于将自然现象归到数学规律之下。因此我在这部书中推进了数学与哲学(科学)的联系,把书名定为《自然哲学的数学原理》。因为哲学的全部任务似乎就在此:从运动的现象开始研究自然界的力,然后从这些力出发证明其他的现象。第一、第二卷中的论题就致力于这个目标。

　　当然,像伽利略一样,牛顿认为数学原理是量的原理。如牛顿在《原理》中所说,他的目的是发现并表述那种精确的秩序,其中“万物在量度、数量和重量上井然有序”。

　　在这描述自然的任务中,牛顿最著名的贡献是将天上和地下的现象统一起来。伽利略已经以前所未有的方式观察过天空,但他能用数学描述的自然界仅限于地面上或地面附近的运动。伽利略还在世时,他的同时代人开普勒已经得出了关于天体运动的三个著名的数学定律,从而简化了日心理论。关于大地上的运动和天体运动的这两门学科似乎是相互独立的。发现它们之间的联系触动了一些伟大的科学家,而迎战者是其中最伟大的。

有充分理由相信存在着某种统一的原理。牛顿可能从笛卡尔的著作中,也可能从伽利略本人的著作中获知伽利略的第一条定律:如果不受力干扰物体将沿直线持续运动。因而行星被以某种方式发动后,就应该沿直线运动;而根据开普勒的理论,它们却围绕太阳沿椭圆轨道运动。因而必有某种力持续地使行星偏离直线路径,正如在挥动旋转一条绳子末端的重物时它不沿直线飞行是因为有一只手用力拉住它。很可能太阳自身就对行星施加吸引力。牛顿时代的科学家已认识到,地球将物体吸引向自身。既然地球和太阳都吸引物体,将这两种作用统一在一种理论下这种想法,在笛卡尔的时代已有人提出并讨论过了。

牛顿将一个普通的想法转换为一个数学问题,而且在没有确定力的物理本性的前提下,用高超的数学解决了这个问题。传说是从树上落下的一个苹果,引起牛顿注意地球对物体的吸引和太阳对地球的吸引之同一。数学家卡尔·弗里德里希·高斯(Karl Friedrich Gauss)认为,牛顿讲这个故事是为了应付那些问他如何发现引力定律的蠢人,不过这个故事是可信的。不管怎么说,这个苹果提高了人类的地位,而不像在人类历史上起作用的另一个苹果。

牛顿是这样着手的,他考虑从山顶上水平抛射物体的问题。当然,伽利略已解决了这样的问题,证明实际路径是抛物线。还证明,如果水平速度大一些,路径还是抛物线,不过这个抛物线宽一些,因为抛射体将在水平方向上运行更远。但是伽利略只是考虑了运行不远的抛射体,而忽略了地球的弯曲。牛顿的第一个想法就是,如果抛射体水平射出时有足够的速度,它将沿着弯曲的路径 VD(见图 26)。它不会飞向太空,完全逃逸地球吗?不会,因为地球将持续地吸引它。地球将在哪个方向上吸引抛射体? 伽利略总是认为引力垂直向下吸引所有物体,但是对于环绕地球运动的物体来说,垂直向下意味着向着地球的中心。因而,从山顶上射出的抛射体将被向内吸向地

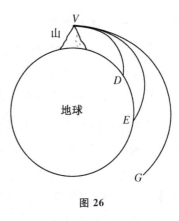

图 26

球。如果抛射速度更大,抛射体将沿着路径 VE;如果速度足够大,它将围绕地球运行,也许会无限期地持续绕地球环行。

牛顿在《数学原理》(*Mathematical Principles*)中这样论证道:

> 一个抛体,由于引力的作用,可能会沿着一个轨道旋转,还可能围绕整个地球旋转。同样,如果月球受到引力的作用,或者受到任何把它驱向地球的力的作用,它将持续地被拉向地球,偏离由于固有力(惯性)而遵循的直线路径,将沿着这里所描写的轨道旋转。

如果地球通过引力作用能使月球绕自身环行,那么同样太阳也可以通过引力作用使行星绕自身环行。因而牛顿有根据怀有这激动人心的预期:把地球附近的物体吸引向地球的同样的力也致使月球围绕地球运动,行星围绕太阳运动。

到此为止牛顿的所有推理都是定性的、猜测的。要获得进展必须化为定量的。关于作用在月球上的力，牛顿继续说道：

> 如果这个力太小，它将不足以使月球转离直线行程；如果太大，它将使月球转离得太大，把它从轨道上拉向地球。这个力必须是合适的量，数学家的任务是找出这个使以一定的速度运动的物体保持在给定的轨道上的力。

牛顿证明同样的公式适用于地球上的物体和天体，他所用的推理现在已是经典性的。我们将简化叙述，不过这是以表现出它的精髓。月球围绕地球运转的路径大致上可看成圆。因为月球（图 27 中的 M）不沿着 MP 直线运动，很显然有某种力把它拉向地球。如果 MP 是月球在不受引力作用的情况下在一秒钟内运动的距离，那么距离 $M'P$ 就是月球在这秒钟内被拉向地球的距离。牛顿以 $M'P$ 作为地球施加在月球上的吸引力的量度。地球附近的物体，该量是 16 英尺，因为落体在第一秒钟内被拉向地球 16 英尺。牛顿希望能证明同样的力能解释 $M'P$ 和那 16 英尺。

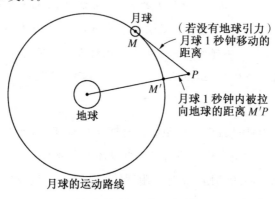

图 27

　　粗略计算后他相信一物吸引另一物的力取决于它们的中心之间的距离,随着距离的增加引力减小。月球中心和地球中心之间的距离大约是地球半径的 60 倍。因而地球作用在月球上的力应是它作用在地球附近物体上的力的 $1/(60)^2$。也就是说,每秒钟月球被拉向地球的距离应是 16 英尺的 $1/(60)^2$ 即 0.004 4英尺。利用三角学得出的数值,牛顿发现,月亮在一秒钟内被拉向地球的距离“几乎”就是那么多。这样他就得到一个最重要的证据,证明宇宙中所有的物体都按照同样的规律互相吸引。

　　经更广泛的研究,牛顿发现任何两物之间的引力的精确公式是

$$F = \frac{kMm}{r^2} \tag{1}$$

其中 F 是吸引力,M 和 m 分别是两物的质量,r 是它们之间的距离,k 对于所有的物体都一样大。例如 M 可以是地球的质量,而 m 是地球附近或表面上的物体的质量,r 是地球中心到物体的距离。公式(1)就是万有引力定律。

　　为综合关于地球上的运动和天体运动的全部成果,牛顿在《原理》中陈述了一些定律。尽管其中前两个已由笛卡尔和伽利略陈述过,我们现在还是称它们为牛顿定律。第一定律是:

　　　　一物不受外力作用时,将保持静止或维持恒定速度(包括速率和方向)。

第二定律是:

　　　　作用在物体上的力等于物体质量和力所产生的加速度的乘积:

$$F = ma$$

加速度是物体速率的增减或方向的改变(用数学术语来说,F 和 a 是矢量)。

第三定律是:

一旦两物相互作用,第一物对第二物的作用力等于第二物对第一物的作用力,且方向相反。

这三个定律之外,牛顿又加上了极其重要的万有引力定律,即上述公式(1)。是罗伯特·胡克建议牛顿将此定律用于行星。不过牛顿概括出这个定律本来就是为了得出适用于宇宙万物的普遍规律。

得出引力定律的一些确证后,牛顿下一步是证明这个定律可以用于地球上或地球附近的运动。这里伽利略的成果对他有帮助。设 M 是地球的质量,m 是地球附近的一物体的质量。将公式(1)重写为

$$F = \frac{kM}{r^2} m$$

将方程两边同除以 m,我们得到:

$$\frac{F}{m} = \frac{kM}{r^2} \tag{2}$$

对于地球表面附近的任何物体,公式(2)右边的值都是一样的,因为 r 大约是 4 000 英里,M 是地球的质量,而 k 对于所有的物体都相等。

根据第二定律,作用在质量为 m 的物体上的任何力都使此物产生加速度。具体说来,地球施加在物体上的引力应该使此物产生加速度。力与加速度的关系是 $F = ma$ 或

$$\frac{F}{m} = a \tag{3}$$

当公式(3)中的力是引力时,因为公式(2)、(3)左边相等,所以右边也相等,即

$$a = \frac{kM}{r^2}$$

这个结果表明,地球引力给予物体的加速度总是 kM/r^2。因为 k 是常量,M 是地球的质量,而 r 是物体到地球中心的距离。当然,这个结果伽利略已经通过实验的推论得出,从这个结果出发,他通过数学推理证明从同一高度落下的所有物体都在同样的时间内到达地面。顺便说一句,a 的值很容易测量,是 32 英尺/秒平方。

下面的问题与我们的主题关系不大,不过也很有意思。牛顿的第三定律表明,对于任何力来说,都有一个和它大小相等方向相反的力。因而,如果说太阳对于地球施加了一个力,使它保持在轨道上,那么地球也应该对太阳施加一个大小相等方向相反的力。然而,太阳似乎是静止不动的。用一点牛顿力学就可以解释这一现象。如果我们现在用 m 和 M 分别代表地球和太阳的质量,它们之间的引力是

$$F = \frac{kMm}{r^2}$$

地球施加在太阳上的力是

$$F = Ma$$

从这两个公式可以得出

$$\frac{F}{M} = \frac{km}{r^2}$$

和

$$\frac{F}{M} = a$$

因而地球给予任何物体的加速度是

$$a = \frac{km}{r^2}$$

其中 m 是地球的质量,r 是物体到地球的距离。因为这个质量远远小于太阳的质量,地球给予太阳的加速度远远小于太阳给予地球的加速度。在地球和其他行星的吸引下太阳的确在运动,但它的运动很小可以忽略。作为这种数学推理的推论,我们应该注意,正如地球吸引我们,我们也吸引地球,但是是我们落向地球,而地球向着我们的运动可以忽略。

到此为止牛顿对于引力理论的贡献可以概述如下。研究月球的运动,他推出了引力定律的正确形式。然后他证明这个定律和前两个运动定律足以确立关于地球上物体运动的有价值的知识。因而他达到了伽利略纲领中的主要目标之一:他已证明运动定律和引力定律是基础性的。像欧几里得的公理一样,这些定律可以作为其他有价值的定律的基础。如果还能推出天体运动的定律,那将是一个多么辉煌的胜利。

这种辉煌还是留给了牛顿。经过一系列重要的推理,他证明从两个基本的运动定律和引力定律可以推出开普勒的所有三个定律。

这些定律中隐含的逻辑结论,对于寻求解释数学之威力的读者来说很有启发。正如我们已见到的,牛顿定律的主要价值在于,它们适用于天空中和地球上那么多不同的情况。同样的数量关系浓缩了万物共有的性质。因而,关于公式的知识实际上是关于公式所涵盖的所有实际情况的知识。

伽利略和牛顿的成果不是一个纲领的完成而是它的开始。

《自然哲学的数学原理》这部经典包含了牛顿才华横溢的青年时期的成果。在其序言中牛顿本人明确表述了这个纲领：

>　　我把这部书称为哲学（科学）的数学原理，因为哲学中所有的难点似乎就在这里——从运动的现象出发研究自然界的力，然后从这些力出发去解释其他的现象；……在第一卷中通过数学证明了一些命题，通过这些命题我们从天体现象中推导出了引力，由于这些引力，物体趋向于太阳和行星。然后，从这些力出发，再通过其他的一些数学命题，我们推导出了行星、彗星、月球和大海的运动。我希望我们能够通过同样的推理从力学原理出发推导出其他的自然现象。许多理由促使我猜想，这些现象可能都依赖于某些力，通过这些力，由于某种迄今未知的原因，物体的微粒相互迫近、凝结成规则的形状，或者相互排斥、相互退离。

像从陡斜的山坡上滚下的一块石头一发而不可收，牛顿继续获取基本的数学定律，并从其中推导出结果。通过类似本章所讨论的方法，他计算出太阳的质量以及具有可观测卫星的行星的质量。将离心力的概念应用于地球自身的运动，计算出了地球在赤道处突出部分的大小，以及随之而来的地球表面不同地区物体重量的变化。由于已观察到几个行星轨道的球形的偏离量，有可能计算出它们的自转周期。他还证明潮汐是由太阳和月亮的引力作用引起的。

然而，已观察到的天体运动中的几处不规则却没有得到解释。例如，尽管月球总是将同一面对着地球，接近边缘处的或大或小的区域却周期性地可见。此外，由于观测精确度的增加，揭示出太阴月的平均长度每世纪减少大约 $\frac{1}{30}$ 秒（这是观测和理论到那时所达到的精确度）。最后，还观察到行星轨道离心率的微小变化。

　　牛顿意识到许多这样的不规则,他着手处理月球的运动。在牛顿的时代,从船上观察到的月球的位置,可用于确定船所在的经度(那时还没有可用于海上的钟表)。牛顿的确关心这种实际应用。月球沿着椭圆轨道运行,有点像醉汉沿着直线行走:它一会儿疾行一会儿逗留,左摇右晃。牛顿相信这种不规则行为部分是由于月球既受地球吸引又受太阳吸引,这就使它偏离真正的椭圆路径。在《原理》中,牛顿确实证明了其中的某些不规则可由运动定律和引力定律推导出。

　　牛顿还论证说,彗星应该沿着椭圆路径运动,他督促埃德蒙·哈雷(1656—1742)寻找彗星。哈雷搜集了以前所观察到的彗星的资料。他注意到很明显是同一颗彗星出现在1531、1607和1682年。运用牛顿理论他预言这颗彗星将在1758年末或1759年初重新出现。它于1758年圣诞节出现了,并于1759年3月13日紧挨着经过太阳。它上一次出现是在1910年,在1986年重新可见(当时已经用望远镜观察到它了,尽管很远)。它的周期有些变化,因为行星干扰它的路径。

　　然而,牛顿并没有证明,月球和行星运动中所有观察到的不规则都是由引力作用引起的,所以他不能证明,累加效果不会使太阳系崩溃。18世纪牛顿的后继者们承担了对这些不规则的研究。

　　正如牛顿所知道的,只有在天空中只有一颗行星和太阳的情况下,行星围绕太阳的路径才会是椭圆。然而,行星系有九颗(2006年定为八颗)行星(其中许多还有卫星),它们不但都围绕太阳运动,而且还按照牛顿万有引力定律互相吸引。所以,它们的运动当然不会沿着真正的椭圆轨道。对于任意数量的物体,其中每一个都在万有引力作用下吸引所有其他的物体,如果能解决确定它们的运动,就会知道它们的精确路径。但是任何数学家都没有能力解决这个一般问题。不过,18 世纪最伟大的数学家中的两位,沿着这个方向迈出了超凡的几步。

生于意大利的约瑟 - 路易 · 拉格朗日(Joseph-Louis Lagrange, 1736—1813),着手处理月球在太阳和地球引力作用下的运动这个数学问题,这显露了年轻天才的光彩,他于 28 岁解决了这个问题。他证明月球可见部分大小的变化是由地球和月球两者的赤道突出部分引起的。此外,太阳和月亮对地球的引力被证明对地球的自转轴有干扰,大小可以计算。这样地球自转轴方向周期性的改变。这个至少自古希腊以来就知道的观测事实,被证明是万有引力定律的数学结果。

在用数学分析木星的卫星的运动时,拉格朗日也获得了显著的进展。经分析证明,这里观测到的不规则也是引力作用的结果。所有这些结果他都综合在他的《分析力学》(1788)一书中,这部著作是牛顿力学成果的推广,并将其形式化,臻于完善。拉格朗日曾经抱怨说牛顿是最幸运的人,因为只有一个宇宙而牛顿已经发现了它的数学规律。不过,拉格朗日也享有荣誉,他将牛顿理论的完美性展现给世人。

拉格朗日从牛顿定律中得出的推论又由皮埃尔-西蒙 · 拉普拉斯(Piere-Simon Laplace, 1749—1827)加以推广,他和拉格朗日同时代并与其齐名。拉普拉斯献身于研究任何有助于解释自然的数学概念。不过事实上他将整个生命献给了天文学,他研究任何数学分支都是为了应用于天文学。有一个很流行的故事说,他经常在著作中略去困难的数学步骤,而是说"显而易见……"。这个故事的真实意义是说,他没有耐心处理数学细节,而是想继续应用。他对数学的许多基本贡献都是他的伟大科学工作的副产品,由其他人加以发展。

　　拉普拉斯辉煌的成就之一就是证明了,行星椭圆轨道偏心率的不规则是周期性的。也就是说,这些不规则是以固定值波动,而不是变得越来越大,致使天体的有序运动紊乱。简而言之,宇宙是稳定的。拉普拉斯在其划时代的著作《天体力学》(*Mécanique Céleste*)中证明了这个结果。这部五卷本巨著的出版横跨了 26 年之久。在这部巅峰之作中,拉普拉斯总结了他和拉格朗日的工作:

　　　　在这部著作的第一部分,我们给出了物体平衡和运动的普遍原理。将这些原理运用于天体的运动,通过几何学推理,不用任何假说,我们得出了万有引力定律。重力作用和抛射体的运动是这一定律的特例。我们考虑了由受这一伟大的自然定律作用的物体组成的体系;通过独特的分析,得出了关于它们的运动、它们的形状以及覆盖它们的流体之振动的普遍表达式。从这些表达式我们推导出了关于潮汐涨落的所有已知现象,地球表面重力随纬度的变化,分点岁差,月球的天平动以及土星环的形状和自转。我们还指出了这些环永久保持在土星赤道平面上的原因。此外我们还从引力定律推出了行星运动的主方程,特别是关于木星和土星,它们的月角差的周期大于 900 年。

　　拉普拉斯的结论是,大自然按照在地球上如此奇妙地起作用的同样的原理,赋予了天体系统以秩序,这是为了永恒的延续,为了个体的保存,为了物种的恒久。

　　不过,牛顿引力理论还取得了更令人惊异的成就。从拉格朗日和拉普拉斯的普通天文学理论得出的一个出色推论尤其值得一提。这是一个关于海王星的存在和位置的纯理论的预言。伽利略曾在 1613 年见过这颗行星,但他以为这是颗恒星。1820

年曾有人观察到天王星运动偏离常规,得不到解释;曾有人设想这是因为一个未知行星对于天王星的引力作用。约翰·卡乌赤·亚当斯(John Couch Adams,1819—1892)是 26 岁的剑桥数学家,U·J·J·勒伟烈(U.J.J. Leverrier,1811—1877)是法国巴黎天文台的台长。这两位天文学家各自利用观测到的不规则数据和普通天文学理论来计算假定的行星的轨道。1841年亚当斯计算出了后来称作天王星的行星的质量、路径和位置。他拜访英国格林威治天文台台长乔治·埃里勋爵,来告知他的成果。埃里正在用晚餐,亚当斯只好将成果留给他去阅读。埃里最后的确读了,但没当回事。与此同时勒伟烈发送指示给德国天文学家约翰·伽勒,让他确定这颗行星的位置。就在 1846年 9 月 23 日晚上伽勒观察到了海王星。用那个时代的望远镜它仅仅勉强可见,如果天文学家不是在所预言的位置去寻找,就几乎看不见它。

亚当斯和勒伟烈所解决的问题极难,可以说是在做后溯式的工作。他们不是在计算一颗质量和路径都已知的行星的作用效果,而是从这颗未知行星对于天王星的作用效果来推断它的质量和路径。因而他们的成功被认为是理论的巨大胜利,而且被广泛宣布为牛顿万有引力定律普适性的最终证明。

伽利略、牛顿及其后继者的成果极好地证明了,我们关于外部世界的知识不是通过感官知觉而是通过数学获得的。当然,对于落体和天体的一些观察提示了数学问题。但是,所有成果本质上是数学的,主要基于牛顿万有引力定律。

然而,所有试图理解引力的物理作用的尝试都失败了。伽利略曾经追问过引力的物理性质。在《关于两大世界体系的对话》中,他让其中的一个人物萨尔维亚图斯说道:"如果他能使我确信,谁是那些被推动者(火星与木星)的推动者,我就能告诉他,是谁使地球移动。而且即使他仅仅能告诉我是谁使地球上的东西向下运动,我也能告诉他是谁推动地球。"另一个人物辛普里丘回答说:"原因很明显,人人皆知这就是引力。"萨尔维亚图斯反驳道:

> 你应该说人人皆知它叫做引力;但是我不是问你它的名字,而是事物的本质……我们并不真正理解那是什么原理或效力,是什么向下推动一块石头,正如我们不知道当石块脱离抛掷者时是谁向上推动它,或者说是谁使月球转动;我们知道的只是名字,即引力,我们将它作为一切下落运动的特定原因。

牛顿正视了解释引力作用的难题,说道:

> 至此我已用引力揭示了天空和大海中的现象……我还不能从现象中推出引力的这些性质的原因,我不构造任何假说。因为任何东西只要不能从现象中推导出,就应该叫做假说;而假说,不管它是形而上学的还是物理的,不管是神秘的性质还是机械的性质,在实验哲学中都没有位置。在这种哲学中,命题是从现象中推导出的,并通过归纳而普遍化……引力的确存在,并按照我所陈述的规律起作用;而且引力足以解释天体和海洋的所有运动,知道这些就够了。

牛顿希望这种力的本性会被研究和掌握。作为替代,牛顿给出了关于引力如何作用的量的公式,这很有意义而且很有用。这就是为什么他在《原理》开头这样说:"因为我只打算给出这些力的数学表达,而不考虑它们的物理原因。"在接近这部书的末尾他又重述了同样的思想:

> 但是我们的目的只是从现象追溯这种力的量和性质,

并且将我们的发现作为原理应用于一些简单的情况,这样通过数学的方式,我们可以在更复杂的情况下估算这些原理的效果;……我们说用数学的方式是为了避免关于这种力的本性或质上的所有问题,而如果我们根据任何假说来确定这些问题,我们将无法理解。

此外,在给古典学者和神学家李察德·本特雷(Richard Bentley)的一封信中,牛顿表述了他的成果的限度:

一个物体会通过真空作用于相隔一段距离的另一个物体,而不需要传送作用和力的任何媒介。这在我看来是太荒谬了,我相信任何有能力思考哲学问题的人都不会陷入这种境地。

牛顿清楚地看到,他的万有引力定律是描述性的而非解释性的。

他在给李察德·本特雷的另一封信中说道:

有时你谈论引力把它当作物质固有的。我恳求你,千万不要将这种想法归于我;因为我并不自称知道引力的原因,因此我将花更多的时间来思考它。

牛顿在他的《数学原理》的三个版本中作了许多关于引力的陈述,但上面引的这个是最具体的。究竟引力是如何跨过 930 万英里将地球引向太阳,在牛顿看来是不可解释的,关于这一点他没构造任何假说。他希望其他人会研究这种力的本性。人们的确通过居间的媒介或其他过程所施加的压力来解释,但结果都不足以使人相信。后来所有的企图都放弃了,引力被接受了,当作普遍承认但又不可理解的事实。尽管对于引力的物理本性一无所知,牛顿还是给出了关于它如何作用的量的公式,这既有意义又有效。现代科学的悖谬之处在于,它满足于寻求很少,所获却很多。

　　放弃物理力学作用而赞同数学描述,这种做法甚至使伟大的科学家震惊。惠更斯认为引力概念是荒谬的,因为通过真空作用排除了任何力学作用。他感到意外的是,在除了引力的数学原理再没有任何基础的情况下,牛顿居然费那么大的力气来做那么多辛苦的计算。还有许多人反对引力的纯粹数学描述。在牛顿的同时代人中,德国哲学家、数学家巴朗·高特弗里特·冯·莱布尼茨(Baron Gottfried von Leibniz,1646—1716)就基于这一点批评牛顿的工作,认为关于引力的著名数学公式只是一个计算规则,算不上自然规律。它与现有的"规律"相违。石头落向大地,亚里士多德认为这是因为它"欲求"回到它地面上的自然位置。引力定律与这种万物有灵论的解释相违。

　　与流行的信念相反,还没有人能够解释引力的物理实在性。这是受人有用力的能力启发而虚构的。最伟大的科幻小说在物理科学中。不过,从这个量的定律中得出的数学推论是如此有效,这种程序已被接受为物理科学中不可缺少的组成部分。这样,科学所做的是为了数学描述和数学预言而牺牲物理上的可理解性。更进一步,我们关于物理世界的最佳知识是数学知识,这一点自牛顿的时代以来越来越证明其真实性。叛逆的17世纪发现了这样一个质的世界,对它的研究是由数学抽象辅助的。它传下了一个数学的量的世界,将具体的物理世界归于它的数学定律之下。

　　在牛顿时代以及随后的两个世纪中,物理学家将引力作用作为"超距作用",这样一个无意义的词组被接受作为解释物理机制的替代品,正像我们谈论精灵和鬼魂来解释没看见的现象。

　　由于没有能力理解引力的力学作用,这就加强了数学的力量。因为正像《数学原理》的书名所指示的,牛顿的工作完全是数学的。他的成果以及其后继者所加上的,不但计算出了超出观察范围的行星运动,而且能够使天文学家预言日月食这样的现象,精确度在几分之一秒之内。

与地球上许多纷乱而且时常是灾难性的事件相反,天体遵循数学上精确的模式运动。这一系列有序运动是如何发生的?它会这样继续吗?或者有一天地球会撞向太阳?牛顿的回答是,宇宙是神圣的创造者的设计,是他的作品,他会保证持续的有序性。最雄辩的是牛顿关于上帝存在的经典论证。在他1704 年出版的《光学》(*Opticks*)中他说道:

> 自然哲学的要务是从现象出发论证而不虚构假说,而且从结果中推导出原因,直到我们到达第一因,这当然不是机械的。……在几乎空无一物的地方有什么? 太阳和行星相互吸引,而其中没有稠密的物质,这是为什么? 为什么大自然不做徒劳之事? 我们在世界中所见到的所有秩序和美从何而来? 彗星的存在是为了什么目的? 为什么所有行星都沿着同心轨道以同样的方式运动,而彗星沿着非常奇怪的轨道以各种方式运动? 是什么阻止恒星互相落向对方? 为什么动物的身体构造如此巧妙? 其身体的各部分是为了什么目的? 难道眼睛是在没有光学技艺的情况下造出来的吗? 耳朵是在没有声学知识的情况下造出来的? 身体的运动如何遵循意志? 动物的本能从何而来? ……而且这些东西是合适地分配的,从现象看来难道不是有一个无形体、有智力、无所不在的活的存在吗? 这个存在,在无限的空间中,似乎这空间在他的感觉器官中,他密切地注视万物,彻底知觉它们;因万物直接呈现给他自身而整个地理解它们,难道不是这样吗?

在其《原理》的第二版中,牛顿回答了他自己的问题:"这由太阳、行星和彗星组成的最美丽的系统,只能来自一位有智性、有力量之存在的计划与支配……这存在统辖一切,不是作为世界的灵魂,而是作为君临一切之主。"

在给李察·本特雷的一封信中,牛顿重述了这一思想:

> 因此,为造成这运动着的[太阳(solar)]系统,须有这样的原因:他能理解并综合比较太阳和行星的质量,以及由此而来的引力,主要的行星离太阳的距离以及次要行星[卫星(moons)]离土星、木星和地球的距离,还有这些行星围绕那些中心天体运转的速度。为比较和综合调整差别如此之大的天体,这些都证明这原因并非是盲目和偶然的,而是非常精于力学和几何学。

牛顿认为他对上帝因而也是对神学的效忠是其最大的贡献。

伽利略和牛顿的成果的关键意义在于,拂去了盖在苍穹上的一些神秘主义和迷信面纱,使人类能够以更理性的眼光看待苍穹。牛顿引力定律清除了那些蜘蛛网,因为它证明了,和在地球上运动着的我们熟悉的物体一样,行星遵循同样的行为模式。这一事实又增加了压倒一切的证据,证明行星是由普通物质组成的。将天上的材料和大地的表层认作同一的,就消除了关于天体本性的汗牛充栋的信条。尤其是,古希腊和中世纪思想家关于完善、不可变、不朽坏的苍穹和可朽坏的、不完善的地球所作的区分,现在更清楚地被证明是人类想象力的虚构。

是牛顿的成果给予了人类一种全新的世界秩序,一个由几个普遍的数学规律控制的宇宙,而这些规律又是从一套共同的由数学表达的物理原理推导出的。这是一个恢宏的宇宙图式,包括了石块的下落、海洋的潮汐、行星及其卫星的运动,彗星目空一切的掠过以及布满星星的天幕灿烂庄严的运动。大自然是数学化设计的,并且真正的自然规律是数学的,在使世人相信这些的过程中,牛顿的宇宙图式起了决定性的作用。

哥白尼、开普勒、伽利略和牛顿的成果使许多梦想的实现成为可能。古代和中世纪占星家的梦想和希望是预见大自然的行为。培根和笛卡尔提出的计划是征服自然以提高人类的福祉。人类已向着这两个目标进步了,即科学的和技术的目标。普遍规律当然使预言它们所涵盖的现象成为可能,而征服离预言只有一步之遥。因为知道了大自然的恒定进程就有可能利用自然来设计装置。

探求和理解大自然的另一个纲领在伽利略和牛顿的成果中得到了实现。数学关系是宇宙之钥,万物通过数学得以理解,这种毕达哥拉斯·柏拉图哲学的精髓是:通过公式联结现象的量。这种哲学直到中世纪一直很活跃,尽管像毕达哥拉斯学派那样,经常包含在更广的神秘创生理论中,其中数作为被创物的形式和原因。伽利略和牛顿脱去了毕达哥拉斯教义的神秘联想,给它妆上了新式样,开创了现代科学的风尚。

今天人类利用牛顿理论送人登月,发送宇宙飞船去拍摄行星的照片,发射卫星环绕地球(这种想法牛顿已有了)。所有基于数学化理论的计划都取得了完美的成果。而任何不幸的遭遇则是由于人类装置的失败。

第7章
数学和不可感知的电磁世界

贺拉修，天空中和大地上的事物，比你的哲学梦中要多。

莎士比亚

我们已经看到这样一些实例，17、18世纪的数学家和物理学家如何从感官所知觉到的现象开始，例如天体的运动和大地上的运动，建立了辉煌的数学化理论，由此扩展了人类关于这些现象的知识，纠正并解释了一些错觉，使我们对大自然的计划和运转有所理解。与此极似的关于热流体运动（液体和气体）和弹性领域的理论，也发布出来。关于这些成果，可以引用亚里士多德的格言说，心智中没有任何东西不是起源于感官的。当然，数学化理论超越了观察，甚至引进了没有明显的实在来对应的概念，如引力。不管怎么说，基于这些理论的预言与经验符合得非常好。可以说，经验只是给这些理论增加了例证而已。

尽管科学家相信大自然是一架巨大的机器，事实上他们还是不能发现和解释引力和光的作用方式。关于光，相信以太的存在可以消除对其机械作用的疑惑，尽管细节问题还有待于探索。关于引力,其作用的本性是完全未知的。但是,牛顿、欧拉、达朗贝尔、拉格朗日和拉普拉斯成功地用数学描述和预言了各种各样的天文学现象,是如此的准确,以致科学家们非常兴奋甚至为他们的成功自鸣得意。他们对一种物理机制的缺乏视而不见,而专注于其数学形式。拉普拉斯并不质疑其五卷本经典《天体力学》(*Celestical Mechanics*)的书名是否合适。

我们将要叙述的 19 和 20 世纪的科学发展,对于物理世界的本性及其包含的内容提出了根本性的问题。第一项进展,研究的是电和磁,给物理世界增加了另一种现象。这一发现,和海王星的发现一样,如果没有数学之助几乎是不可能的。然而,与海王星不同的是,增加的这一现象是明显无实体的。它没有重量,不可视、不可触、不可尝并且不可嗅;从物理上来说,它过去对我们来说是未知的,现在仍是。此外,与海王星不同的是,这像影子般的东西,对当今文明中的每个男人、女人和孩子都产生了明白无误的,甚至革命性的影响。在眨眼之际它就将信息传遍了世界;它将政治共同体从街巷扩展到全球;它加快了生活节奏,普及了教育,创造了新的艺术和工业,并彻底改变了战争方式。的确,人类生活几乎没有哪个方面没有受过电磁学的影响。

像在天文学、声学和光学中的情形一样,我们关于电和磁的知识起始于希腊人。泰勒斯已知道,在小亚细亚的曼格尼西亚附近出产的铁矿石中含有天然磁石,能够吸引铁。中世纪的欧洲人从中国人那里学到,如果一片天然磁石能够自由旋转,它将大致指向南北方向,因而可用作罗盘。据说泰勒斯也知道,摩擦过的琥珀吸引轻的如干草那样的颗粒。这就是电学的开始(在希腊文中,electricity 的意思是琥珀)。

对于磁现象的严肃认真的研究首先是由伊丽莎白女王的宫廷医生威廉·吉尔伯特(William Gilbert)发起的。他的著作

《论磁体和磁性体并论作为巨磁体的地球》(*On the Magnet and Magnetic Bodies and on the Great Magnet*, *the Earth*, 1600) 中对一些简单实验的描述至今仍清晰可读,这些实验证明了地球本身就是一块巨磁体。吉尔伯特还发现,有两种磁现象,寻北的和寻南的,或者简称为北向的和南向的,常被分别称为正极的和负极的。两种正极的或负极的带磁体互相排斥,而极性不同的带磁体相互吸引。例如,这两种相反的极性处于磁棒的两端。此外,磁体的独特性质是其吸引未磁化的铁或钢的能力,更强的磁体能够将更重的铁吸引向自己。

吉尔伯特还研究了泰勒斯观察到的第二种现象,即摩擦过的琥珀带电。他发现和毛皮摩擦过的封蜡以及和丝绸摩擦过的玻璃,也获得了吸引轻颗粒的性质。这些实验提示有两种电性。此外像在磁现象中的情形一样,有相同电性的物体相互排斥,有相反电性的物体相互吸引。然而,在理解磁或者电的物理本性方面,吉尔伯特进展甚少。

不过吉尔伯特的确发现了带电和带磁的根本区别。将玻璃和丝绸摩擦,可以使玻璃带正电、丝绸带负电。然后我们可以分开玻璃和丝绸,就拥有了可自由支配的玻璃上的正电,而这完全独立于丝绸上的负电。然而尽管同样有两种磁性,正极的和负极的,或者说北向的和南向的,尽管像在电现象中一样,异性相吸同性相斥,在任何物体中两种磁性都是不能分开的。

然而,随后的一系列研究(在此我们不必追随细节)表明对于电现象的这种描述是不正确的。在 20 世纪的大部分时间里,物理学家相信只有一种电*。他们发现有一些物质的微小颗

---

* 许多物理学家将电看成是一种液体,而另一些认为电由两种液体组成,直到大约 1900 年,当电子理论被普遍接受时,才得以改变(不过,对于进一步的发展,参见第 10 章)。

粒,并且是自然界中所发现的最小颗粒,将它们叫做电子。我们看不见电子,正如我们看不见包含电子的更大的叫做原子的微粒,但支持电子存在的间接证据很有力。带负电的物体——即行为表现如摩擦过的丝绸者——含有多余的电子。另一方面,先前被描述为带正电的物体,例如和丝绸摩擦过的玻璃,被认为是缺少电子。很显然,玻璃与丝绸摩擦时将一些电子从玻璃中释放出来,它们附着在丝绸的原子上。因而,缺少电子的玻璃带正电,而丝绸带负电。带有正常数目电子的物体叫做电中性的。

通过合适的实验装置,可以研究带电物体。例如,两个带正电的小玻璃球悬在线上,放在近旁,小球将互相排斥,因为都带正电。因为带电物体相互有作用力,而且磁极也是这样,我们手上就有了可加以研究利用的力。我们首先研究电的行为。

18 世纪后期有些科学家沉迷于研究带电体所施加的力,他们仿效伽利略和牛顿,寻找基本的量的定律。他们所发现的第一个定律真是出人意外。因为一带电体对另一带电体所施加的力取决于两者的电量,有必要采纳一种度量标准。因而某个量被选作标准(正如某个质量被选作质量单位),一物体中的电量就以此标准来度量。通常用的电荷电位之一叫做库仑,是按照法国物理学家查理·奥古斯丁·库仑(Charles Augustin Cou-lomb,1736—1806)的名字来起的,他发现了我们下述的力的定律。如果有两个电量 q_1 和 q_2,它们将互相吸引或排斥,这取决于它们电性相反或相同。库仑发现了这个非凡的定律,即吸引力或排斥力,由下面公式给出:

$$F = k \left(\frac{q_1 q_2}{r^2} \right)$$

其中 r 是电量 q_1 和 q_2 所在位置之间的距离,k 是常数。k 的值取决于用于度量电荷、距离和力的单位。

　　这个公式的显著特点点就是与引力定律形式的同一。电荷 q_1 和 q_2 像两质量一样作用，而力随距离的平方反比变化，恰如引力在两质量之间的作用。当然，电作用力可以相互吸引或排斥，而引力总是相互吸引。

　　在 18 世纪晚期，柳基·伽伐尼教授（Luigi Galvani，1737—1798）用两根不同的金属丝组成了一根导线并将整个导线的两端插入青蛙腿的神经中。青蛙腿抽搐了。伽伐尼一直在研究动物电，将这种抽搐归因于青蛙中的某种电流。不过这一发现的意义是由另一位意大利人领悟的，他就是帕度阿大学的物理学教授亚历山德罗·伏特（Alessandro Volta，1745—1827）。伏特意识到是两种不同的金属在导线两端产生了一种力（现叫做电动力），他做出了一种更有效的金属组合，即一种电池。用一根导线来替换青蛙腿，并将此导线接到此电池的两端，伏特证明，可以利用那种力使物质微粒在导线中流动。这种微粒（后来确认为电子）的流动就是一种电流。伏特使这些电子流动，而不是像在摩擦过的琥珀上那样静止聚集。顺便提一提，伏打电池与现代汽车上和手电筒中的电池在原理上并无不同。为纪念伏特，现在电池的强度是用伏特来度量的，而电流是用安培来度量的，这是为了纪念一位我们马上就要说到的人。一安培是每秒一库仑，即每秒 6×10^{18} 个电子。

　　至此电和磁被看成是有明显区别或者说没联系的现象。然而，情况将彻底改变，发现这一联系将把我们带到这段历史的核心。第一项重要的发现是由丹麦物理学家汉斯·克里斯蒂安·奥斯特（Hans Christian Oersted，1777—1851）作出的，他是哥本哈根大学的自然哲学教授。利用伏打电池使电流通过导线，奥斯特发现电流使放在导线上方的磁针偏转。当电流的方向倒

转时,磁针也倒转方向。描述奥斯特之发现的另一种方式是:
电流在导线周围产生了磁场。这一磁场像天然磁体一样吸引和
排斥其他的磁体。

电和磁之间下一项基本的联系是由法国物理学家安德烈-
马里•安培(André-Marie Ampère,1775—1836)发现的。他是
巴黎综合工科学校的教授,曾听说过奥斯特的研究。1821 年安
培发现两条带电流的平行导线也像两块磁体一样相互作用。如
果电流方向相同,导线相互吸引;如果方向相反,则互相排斥。

电和磁的另一种本质联系尚待米考•法拉第(Michael
Faraday,1791—1867)和约瑟夫•亨利(Joseph Henry,1797—
1878)去发现。前者在英国工作,自学成才,曾当过书籍装帧学
徒;后者是纽约州阿尔巴尼学院的校长。这一发现为麦克斯韦
的戏剧性登场搭好了舞台。如果一带电流导线能产生磁场,那
么磁场能不能在导线中感生电流呢?正如这些人在 1831 年所
证明的,答案是肯定的,条件是导线处于变化的磁场中。这种现
象叫做电磁感应。

下面我们来细致地考察法拉第和亨利之发现的精髓。假设
一长方形的导线框固定在杆 R 上(图 28),然后将框和杆放入一
磁铁产生的磁场中。当杆转动时——譬如说用水力或蒸汽机,
固定在杆上的导线框也将转动。再假设杆(和导线框绝缘)沿逆
时针方向以恒定的速度转动,并且导线 BC 从最低处开始运动。
随着 BC 从这个位置向右面的水平位置运动,整个导线框中产
生了电流,方向是从 C 到 B。当到达水平位置时,电流达到了最
大值。随着 BC 继续向上运动,电流的量减小,当 BC 到达最高
点时,电流消失。随着 BC 继续旋转,导线中又出现了电流,这
时的方向是从 B 到 C。同样,随着导线框的旋转电流增加,当
BC 又到达水平位置时达到最大值,方向和上次相反。随着 BC

回到行程的最低位置,电流减小最终消失。杆每旋转一周,这种
变化周期性地重复一次。在磁场中运动的导线中电流的出现和
流动是电磁感应现象的范例。

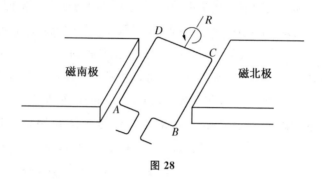

图 28

　　所产生的电流是亿万个物质微粒(称作电子)的流动。电磁
感应所产生的电流总量随时间而变化。因为我们处理的是可度
量的量,我们能够得出函数关系。电流和时间的关系当然是周
期性的,因为变化的次序随着导线框的每一周旋转而重复。在
这种周期性的现象中,期望正弦函数会有用似乎是过分了。然
而大自然从来没有停止调整自己来适用人类的数学。电流和时
间的关系是如下形式:

$$I = a \sin bt$$

其中振幅 a 取决于磁场的强度等因素,频率 b 取决于导线框的
旋转速度。如果它每秒钟旋转 60 周,那么 b 的值是 60×360 即
$21\,600$(函数 $y = \sin x$ 每 360° 经过一周期。因而 60 周的电流每
秒钟经过 $60 \times 360°$。如果电流流动了 t 秒,那么度数是 $60 \times
360t$)。多数家庭供电电流每秒钟经历 60 个正弦周期的变化,
因而叫做 60 周交流电。

　　这样,电流可用数学公式表示。但电磁感应过程是如何产

生电流的？这种现象充满了神秘。在磁场中运动的导线通过某种方式在导线上产生了电动力，这种力使电流流动。

现代的读者不需要被告知电的广泛应用以及这种能量对我们的文明的影响，但也不妨强调一下，通过机械方式发电的原理以及将电力转化为机械力的原理，在人们想到这些应用很久以前，已经有人在研究了。当法拉第在做他的早期电实验时，一位访问者问他在导线中感生电的原理会有什么用，法拉第回答说："新生儿会有什么用？它会最终长大成人。"还有一次格兰斯顿当财政大臣时访问他，问了同样的问题，这次法拉第回答说："嗯，先生，你很快就能向它征税了。"

法拉第通过另一个意义重大的实验扩展了我们关于电磁感应的知识。如图 29 所示，他把一个导线线圈放在另一个线圈近旁。他的方案是使左手线圈 CD 中产生电流，使电流产生一磁场，磁场方向如图中的卵形线所示。这一磁场的范围将及于第二个线圈 EF。不过，法拉第想产生一变化的磁场，他将 A 端和 B 端接到一交流电源上。交变的电流经过线圈，根据奥斯特原理，在其中和周围产生了变化的磁场。这样，当交流电增加时，线圈 CD 周围出现了较强的磁场。随着电流减弱，磁场减小。

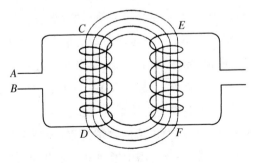

图 29

因为线圈 EF 并排在线圈 CD 近旁,线圈 CD 中的电流产生的磁场涌过线圈 EF。

这样,法拉第得到了经过导线线圈 EF 的一个变化磁场。如果一经过固定导线的磁场在导线中产生了力,这一磁场将导致一种力或者说电压,从而使线圈 EF 中产生了电流。此外,因为磁场不但经过线圈 EF,而且强度增加或减弱,在线圈 EF 中感生的电流也会增加或减小。也就是说,线圈 EF 中的电流是交变的。法拉第进一步猜想,只要在第一个线圈中维持交变电流,感生电流就会持续,他就能详尽地研究感生电流。

法拉第确实发现线圈 EF 中出现了交变电流;而且,正如他所期望的,这电流的频率正好是加在第一个线圈 A 端和 B 端的电流的频率。这一原理的一项很明显的应用就是将电流从一个线圈转移到另一个,尽管第二个线圈没连接到第一个上。我们现在的变压器就有这项应用,不过我们不再探究这项应用,因为这将使我们远离主题。

随着法拉第发现了电磁感应的重要原理,从而发现了磁学和电学之间的新联系,电磁学——这个词用来指电与磁之间的作用——现在有了好几项进展,增加了它的声誉。但是这一现象变得日益复杂,法拉第开始难以把握。在简单电磁场的情况下,构想一些物理图像,通过度量或简单的推理得到合适的数学化定律,曾是相当容易的。在电磁感应的情形中,如果知道了第一个线圈中的电流,要确定第二个线圈中的电力和电流,已经很复杂,不容易分析。首先,计算涉及第一个线圈中电流的磁场强度,还要计算第二个线圈中的感生电压和感生电流。此外,法拉第既然发现了一个有开发价值的物理过程,他就希望知道如何增强它的效力。在第一个线圈中增加电流或者加长线圈或者加粗线圈,会增加第二个线圈中的电流吗?线圈的相对位置应该如何排放？

　　法拉第得出的结论是，有一种介质包围着通电物体，介质中接触的微粒相互作用，电的磁效应是通过这种作用传播的。他称这种介质为电介质。在这种介质中，磁效应通过磁力线而作用，这种线不可见，但法拉第相信它们是实在的。

　　法拉第承认关于磁力线的猜想可能会出错，也是可以改变的，不过这对于实验物理学家和数学家有所助益。他还说，这样的猜想会引向真实的物理真理，并努力构想电磁感应的物理解释。他的假说是，磁力线从电流或磁极出发伸向各个方向，并且他给出了一些实验证据来支持他所尝试的物理解释。例如，将铁屑撒在磁棒附近的空间中，它们自动沿着磁力线排列。

　　尽管法拉第充分意识到数学的功能，但他的天才仅局限于实验和物理思想。在复杂的电磁感应现象这一事例中，物理思想有其大大的劣势。对于抛射体的运动、抛射角和射程形成思维图像是容易的。然而，电磁场是不可见的，它们的布局不是很容易得出的。尽管在炮制物理图像时他过去曾成功过，但法拉第意识到物理思想不会使他有多大进展。法拉第已经到了这样一个阶段，物理学对于物理学家来说已经太难了，需要数学家效劳。

　　幸运的是，19 世纪伟大的数学物理学家詹姆斯·克拉克·麦克斯韦（James Clerk Maxwell, 1831—1879）正在勤奋地为这项任务做准备。青年时期麦克斯韦就显示了能够做出一流贡献的迹象。他 15 岁时写的一篇关于产生一些曲线的力学方法的论文发表在《爱丁堡皇家学会年报》（*Proceedings of the Royal Society of Edinburdge*）上。在爱丁堡大学和剑桥大学求学期间，他的教授和同学就看出了他的聪明、杰出和原创力。1856年，他被选为阿伯丁的麦利考学院的物理学教授。几年后他转到伦敦的国王学院。1871年,他又到剑桥大学任教。

像所有科学家一样,麦克斯韦致力于他那个时代的富有挑战性的问题。他发明了彩色照相术,还是气体运动理论的提出者之一。不过我们这里关注的是他在电磁学中的成果。他致力于用一个理论综合所有已知的电磁现象。他阅读法拉第的《实验探究》(*Experimental Researches*)而开始了电磁学研究。1855年,当23岁时,他发表了关于这一课题的第一篇论文《论法拉第的磁力线》(*On Faraday's Lines of Force*)。在这篇和此后的论文中,麦克斯韦致力于将法拉第的物理探索翻译成数学形式。

19世纪50年代早期,威廉·汤姆逊(William Thomson,即开尔文勋爵;1824—1907)的成果给了麦克斯韦很大影响。汤姆逊赞同对电磁现象作力学解释,他用液体的流动、热的传导和弹性作为模型。他将这些类比应用于以太。他认为以太是一种场,与超距作用相反,其中接触的微粒间有力的作用。在这之前,数学家柯西、泊松和纳韦曾提示过这种看法。麦克斯韦也寻求以太作用的力学解释。然而,他和汤姆逊都没有成功。汤姆逊引入了现在叫做场的概念,以反对超距作用。这麦克斯韦也采纳了。汤姆逊还创立了关于波的传播的数学理论,麦克斯韦从中有所获益。

1861年,将以太当作弹性媒质,麦克斯韦获得了对未解决的电磁感应现象的新的洞察。法拉第将电流从一个线圈转移到另一个上的成果表明,磁场能够传播一段距离。麦克斯韦还得出一个结论:有变化的电流穿过了包围第一个导线线圈的空间。他称这种电流为位移电流。这就解释了在与导线中实际的物理电流有一段距离的地方为什么会有电流。在这篇论文中麦克斯韦谈及了他对位移电流的第一瞥,但是尚不清楚、不完整。

为证实并完善他对位移电流的理解,麦克斯韦考虑电路中电容的行为。一个电容由两块相互平行的板组成,其间是绝缘介质如空气,甚至是真空。然而交变电流却能从一块板传到另一块板上。在麦克斯韦看来,很明显是以太将位移电流从一块板传到另一块上。

1865 年麦克斯韦发表了他的关键性论文《电磁场的动力理论》(*A Dynamical Theory of the Electromagnetic Field*),他抛弃了所有的物理模型,而提出了合适的数学理论。他的方程包括一个新项,物理上代表位移电流。这个数学公式使他相信这种电流能传播很远的距离。

这种位移电流的本质需要一些附加解释。追随法拉第,麦克斯韦将电磁场看成存在于磁体和带电流导线周围。安培定律本身处理的是一导线中的电流。然而,当电流交变时(例如,假设它随时间正弦变化),导线中的电子快速地往返运动。因而,运动电子所建立的电场也将运动,在导线外空间中的任一点,电场的强度也随时间变化。因而,导线中的交变电流,可看成和导线周围空间中的变化电场共存。麦克斯韦承认这种变化电场的实在性,并评论道,它具有电流的数学性质,尽管电场本身(除了产生电场的导线)并不由电子的运动组成。他认为称这种变化的电场为位移电流是有理由的,因为这等效于电场的位移或变化。在《论电磁现象》(*Treatise on Electricity and Magnetism*)(1873)中,麦克斯韦自己的话清楚阐述了他的结论:

> 这部论著的主要特色之一就是断言了一个信条:电磁感应现象所依赖的真正的电流,和传导电流(导线中的电流)不是同一个东西,而在估算电的整个运动时,必须考虑电位移的时间变化。

麦克斯韦探讨位移电流之存在的数学含义。奥斯特定律认为导线中的电流伴生磁场。但既然麦克斯韦在传导电流即导线中的电流外加上了位移电流,他就得出了这样的结论:位移电流也产生了一个磁场,而这个磁场是先前被认为是由传导电流单独产生的磁场的组成部分。换句话说,导线周围的磁场必定是由两种电流,传导电流和位移电流产生的。

将要旨简述一下。麦克斯韦有胆识的第一步就是,引入了位移电流,并猜测这种存在于空间而不是导线中的电流也产生磁场。这样,他就修正了安培定律,使总电流(传导电流和位移电流)和从导线中发出的磁场联系起来。麦克斯韦定律的精髓在于,变化的电场,无论是产生于传导电流还是位移电流,都产生磁场。如果我们再回想一下由麦克斯韦表述的法拉第定律,即变化的磁场产生变化的电场,就可以看出,麦克斯韦引入了相互联系。

现在我们能够理解麦克斯韦从数学推理中所得出的预言了。线圈 CD(图 29)中的正弦电流所产生的波在周围的空间中产生了变化的电场,后者又产生了变化的磁场。但是这个磁场又产生了变化的电场,而后者又产生了变化的磁场。在线圈 CD 中的电流所施加的持续“压力”下,这些场将做什么? 答案几乎是明显的。它们将向周围空间传播,到达远离线圈 CD 的点。它们甚至可以到达“远离”的另一个线圈 EF。在那里,变化的电场将在导线中产生电流,这一电流可以有电流可能有的任何用途。这样麦克斯韦发现了,电磁场(即变化电场和变化磁场的组合)会传向遥远的空间。顺便提一句,当法拉第考虑如果线圈 EF 和线圈 CD 分开一些会发生什么时,他已经猜到了这种可能。然而,法拉第是在物理依据上猜测的,没有理解其机制,也没有意识到位移电流的存在,而麦克斯韦是建立在数学依据上。

　　波有波长和频度。在电磁波的情况中,波长是由所用线圈的大小决定的(尽管这不是很明显)。使线圈(或者无论什么用来发射电磁波的导线)适度的小,波长必然小。

　　为解释这些量,我们来考虑具有图 30 所示特征的正弦波。一周就是图上从 O 到 A 的曲线。这样在一秒钟内重复许多次,每秒钟的周数就是频率。所谓的波长 λ(lambda)是从 P 到 Q 的距离。波每秒钟传播的距离就是波长乘以频率,得出公式

$$\lambda f = c$$

其中 c 就是波的运动速度。

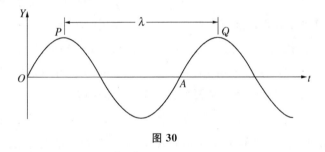

图 30

　　电磁波比这要复杂些。不但电场正弦式地传出,磁场也是这样。此外,两个场相互正交,且两者都与场的移动方向正交。图 31 显示,电场 E 的方向和磁场 H 的方向正交。

　　这样,麦克斯韦的第一个且是最伟大的发现就是,电磁波能够从发射源传播成千上万里,并且推测起来,可以被遥远的合适仪器检测到。在其数学工作中,麦克斯韦的一个巨大发现,这是关于光的。从古希腊时代开始研究光现象,经过许多次试验,有两种物理理论相互竞争,需要解释。一种理论坚持光是沿直线运动的不可见微粒组成的。另一种理论认为光是波的运动,并

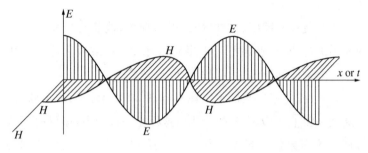

图 31

提出了关于这些波如何形成、如何传播的各种各样的解释。两种理论对于光的反射和折射(譬如说光从空气中传到水中时方向的改变)的解释都差强人意。但是,对于光的衍射——即当光绕过障碍物如一个圆盘时的转弯——波动理论解释得更为合理,这种波动理论能够解释当水波绕过船尾时的转弯。在 19 世纪早期,托马斯·杨(Tomas Young,1773—1829)和奥古斯丁·菲涅耳(Augustin Fresnel,1788—1827)有力地辩护了波动理论,不过这涉及一种他们没有明确指明的介质。

光科学中的一项更早的发现与此有关。1676 年丹麦天文学家奥劳斯·若莫(Olaus Roemer,1644—1710)证明光的速度是有限的,并且得出了一个很好的近似值,2.2×10^{10} 厘米/秒。通过测量当地球背离木星运动时木星由一颗卫星造成的蚀的时间,和地球向着木星运动时由同一颗卫星造成的蚀的时间之差,他得出了这个数值。从木星的卫星发出的光所经过的距离差大约等于地球的直径,他还测出了时间差。19 世纪更精确的测量显示光速大约是每秒 186 000 英里。

在其数学研究的进程中,麦克斯韦发现电磁波的速度是每秒 186 000 英里。而已知光的速度,如奥劳斯·若莫和后来的物理学家所测量的,大约是同样的数值。速度的同一以及电磁辐射和光都是波动这一事实,启发麦克斯韦宣称光是一种电磁现象。1862 年麦克斯韦说道:"我们几乎不可能避开这样的推论:介质的横向振动是电磁现象的原因,而光就在于同一介质(以太)的横向振动。"1868 年他写了一篇关于此的论文。麦克斯韦的推论成为关于光的流行理论,并且仍然是(参看第 9 章)。

　　麦克斯韦的结论——光是一种电磁现象——取代了一切旧成果。更准确地说,白光(例如太阳光)是许多频率的复合,结果在可见光的范围内有一个整系列的频率。具体说来,频率范围从 4×10^{14} 到 7×10^{14} 的所有的波都是可见波。对于我们的眼睛来说,不同的频率有不同的颜色。在上面所给出的频率范围内,随着所接受的光从最小频率到最大频率,由神经和大脑共同形成的色彩感,逐渐从红到黄、绿、蓝,最后到紫。我们可以组合单色来形成新的颜色。例如,白光就不是单色之"调",而是光的"和弦",是许多颜色的复合效果。这样,太阳光包含从红到紫的所有颜色,复合效果就是白光。

　　光的电磁理论认为,光由一系列的电磁场组成,这给了我们关于光可能是什么的最好的提示。尽管在麦克斯韦的成果之前已提出了一些关于光的理论,但没有一种能够完全解释所有的现象。光的电磁理论证明是令人满意的,赋予了科学家新的能力来预言,当光穿过各种介质时将怎样。尤其是,旧概念将光看成是沿着直线运动的未知但坚固的实体,遵循反射和折射定律,现在看来,这只是一种很好的近似。因为,严格说来,光在空间中的传播并不限于沿着一系列的直线。在给定的点,它的强度随时间而变化,在不同的点也不同。换句话说,它的行为正像从源传出的水波。不过,变化是那样的小,又是那样的迅速,结果光看起来是稳定地流动。

　　光是一种电磁波是基于数学推理作出的预言,这个例子说明了数学的非凡价值。用当代首席哲学家埃尔弗雷德·诺斯·怀特海的话来说,"数学的独创性在于这样的事实,在数学中显示了事物之间的联系。而离开了人类推理的作用,这些联系是非常不明显的"。

在麦克斯韦的时代,关于紫外线(UV)的存在及其性质,物理学家已经知道了一点。尽管肉眼看不见,通过使照相底片变黑,它的存在已经为人所知。此外,肉眼不可见的红外线所传导的热,很容易为温度计记录到。这两种射线都存在于太阳的辐射中,电流通过特殊的细丝也可以产生,这和使电流通过钨丝产生可见光的方式一样。红外线和紫外线是电磁波这一猜想很容易在实验上确立。结果发现,红外线的频率稍低于可见光,而紫外线的频率要稍高于可见光。

在电磁拼图游戏中,越来越多的板块很快就添上了。1895年德国物理学家韦尔海姆·康拉德·伦琴(Wilhelm Conrad Roentgen, 1845—1923)发现了 X 射线,很快它们就被确认为电磁波,频率比紫外线更高。最后,发现了从放射性物质发出的伽玛(γ)射线,并且发现这也是电磁波,频率比 X 射线更高。

电磁波的波长变化从 10^{-14} 到 10^{8},也就是说,变化范围为 10^{22}。用倍频(doubling)的术语来表示就是 $10^{22}=2^{73}$。在 73 个"八度"中,可见波段只占一个,所以我们的肉眼是非常有限的。但我们有仪器来探测红外线、紫外线以及 X 和 γ 射线。

这样一种"以太"理论的接受情况怎样呢? 在 1873 年几乎所有的物理学家都怀疑电磁波的存在。在最小限度上,他们觉得这个概念难以理解。有一个例外就是亨德里克·安图·洛伦兹(Hendrik Antoon Lorentz, 1853—1928),他曾试图通过实验产生各种各样的波,但没有成功。但是在其 1875 年的博士论文中,他证明麦克斯韦理论比其他的已有理论能更好地解释光的反射和折射。

很显然,需要实验确证。基于物理公理——在当前的事例中是麦克斯韦方程组——的数学预言是不确定的,因为物理公理是可能出错的。1887年,在麦克斯韦预言了电磁波的存在25年后,另一个著名的物理学家、赫尔姆兹的聪明杰出的学生海因利希·赫兹(Heinrich Hertz,1857—1894)发射了电磁波,并在离发射源有段距离的线圈中接收到它。有很长一段时间,这些波叫做赫兹波,这正是当今有成千上万种应用的无线电波。这一确证令人震惊,不久各种各样的应用随之而来。

随后不久,1892年,英国实验物理学家威廉·柯鲁克斯提出了无线电报的想法。1894年有些人,其中有奥利佛·约瑟夫·洛奇爵士,曾短距离地发送电磁波。最后,1901年古列尔莫·马可尼构想,建造特殊的天线来远距离传播电磁波。他认为电报信号能够越过大西洋从欧洲到达北美。随后不久就有了语音的传送。1907年李·德·佛里斯特发明了无线电真空管,通过电磁波来传播语音和音乐就变得普及了。

通过无线电来传播语音是一项非凡的发明。声音的传播速度大约是每秒1 100英尺。如果声波能够从纽约城到达旧金山,我们得等待八个小时,回话才能传回。通过电话回话却是即时的,因为大多数信息是由速度为每秒186 000英里的无线电波传载的。

如今我们利用电磁波的形式是如此之多,以至于不注意这种非凡的特征。我们来考虑一下远距离传播图像的过程。被传播的场景的亮度变化转换成电流,电流转换成在空间传播的电磁波,电磁波在接收天线中感生电流,电流从天线传到电路。最后通过阴极射线管,电流被转换成光波。

电磁波在空间中的传播产生了一个大问题。麦克斯韦在

1856 年写道:"一种成熟的理论,物理事实会从中得到物理解释,这种理论将会由这样的人提出:他们诘问自然本身,能够得到由数学理论所提示的问题的唯一真实的答案。"虽然如此,对于从传送器到接收器所传播的东西,我们还没有一点物理概念。尽管付出了巨大的努力,想确定电磁场物理上到底是什么,科学家们还是没有成功。

麦克斯韦证明了电磁波以光速传播,他得出结论说这些波在以太中传播,因为从牛顿时代以来以太就被认为是传播光的介质。此外,因为波高速运行,以太必须是高度刚性的——因为一个物体的刚性越高,波在其中运行的速度越大。然而,如果以太弥漫太空,它必须是完全透明的,行星必须无摩擦地在其中运行。以太必须满足的这些条件是互相矛盾的。还有,以太不可触摸,不可嗅,又不可和其他物质隔绝。这样一种介质在物理上是不可信的。我们不得不得出这样的结论:它是一种虚构,只是一个词语,只能满足那些不在词语背后寻求的头脑。更进一步,对场的整个描述是一根拐杖,帮助人类心智前行,不该从字面上接受,也不该太认真。

总而言之,我们还没有电磁场之作用的物理描述,也没有作为波的电磁波的物理知识。只有当在电磁场中放入无线电天线这样的导体时,我们才得到这些场存在的明证。我们传送负载复杂信息的无线电波至几千英里以外,却不知道究竟是什么实体穿越空间。

意识到这些波在我们周围无处不在也同样恼人。我们只需要打开无线电接收器或者电视机,就能收到几十个广播电台和电视台发出的波;然而我们的感官对于这些波的存在一无所知。

对于电磁波之物理本性的无知也使许多电磁波理论的主要创造者烦恼。威廉·汤姆逊(开尔文勋爵),在 1884 年的一次演讲中,也表达了对麦克斯韦成果的不满。他说:"在形成一个东西的力学模型之前,我永不会满足。如果我能形成力学模型,我就理解了一样东西。而只要我没能完全形成力学模型,我就不能理解。这就是我不能理解电磁波理论的原因。"缺乏的是一种以太的力学理论。亥姆霍兹和开尔文勋爵拒斥麦克斯韦的位移电流,认为是一种虚构。

麦克斯韦曾试图参照弹性媒介中的压力和张力得到电磁现象的力学理论,但没有成功;海因里希·赫兹、威廉·汤姆逊、C·A·比尔克奈斯和 H·彭加勒后来的努力同样也没有成功。尽管如此,支持麦克斯韦理论的实验证据标志着所有反对观点的终结。采纳麦克斯韦理论意味着采纳一种纯数学的观点,因为电磁波是由在空间传播的连接的电磁场组成这个假设几乎解释不了物理本性。用一个理论包容光和 X 射线等,这减少了科学之谜的数量,却使其中的一个更加神秘。

赫兹说道:"麦克斯韦理论由麦克斯韦方程组成。没有力学解释,也不需要力学解释。"他继续说道:"我们摆脱不了这样的想法:这些方程有其自身的存在和心智,它们比我们甚至比其发现者更有智慧,我们从中得出的比当初放进去的要多。"

对于电磁现象的精确而完整的描述就是数学描述,整个电磁理论就是数学理论,几个粗糙的物理图像作为其例证。这些图像不过是穿在数学身体上的衣服,使它在物理学界看上去体面。这可能会使数学物理学家烦恼或得意,要看其身上的数学家还是物理学家占上风。

没有人比麦克斯韦更理解电磁理论的彻底的数学品格。尽管他不顾一切地试图建立一种电磁现象的物理描述。在其经典《论电磁现象》中,他略去了这类材料中的大部分,而强调高度精制、复杂的数学理论。有一次,一位布道者所言超出了会众的理解力,麦克斯韦曾劝其道:"为什么不能说得简单点?"然而他自己曾努力以直觉上可理解的解释,使电磁场的数学理论"简单",却没有成功。无线电波和光波在物理的黑暗中运作,只有那些愿意带着数学火炬的人才能照亮。此外,虽然在物理学的一些分支中可能使数学理论适合物理事实,但在电磁理论中最佳选择却是,使不充分的物理图像适合数学上的事实。

麦克斯韦为现代数学物理学定好了调子,制定了行规。它主要是数学化的。以一整套数学定律来涵盖看似散漫的各种现象,麦克斯韦的电磁理论在这方面甚至超过了牛顿的万有引力定律。一粒沙子和最重的恒星的运作可以牛顿运动定律来描述和预测。而包括光在内的各种各样不可见的电磁波可以用麦克斯韦电磁定律来描述,并加以利用,产生力量。电流、磁效应、无线电波、红外波、光波、紫外波、X射线、γ射线,这些频率低至每秒60周,每秒周数值可跟24个零的正弦波是其背后隐藏的数学图式。这一理论既深奥又包罗万象,超出了人的想象力。它揭示了一种方案、一种自然界的秩序,比大自然本身更雄辩地向人类诉说。

电磁理论又一次证明了数学挖掘大自然秘密的力量。在工程技术人员生产出潜水艇和飞机的样机之前就有了构想,甚至形成了图像。然而,无线电波的观念无论如何在大脑中出现不了,而且即使出现了,也会被当作异想天开而受拒斥。

有一个人在构造电磁感应的物理图像中最有天赋,而这个物理图像曾被麦克斯韦本人用于推进自己的思想。即使此君也坦白,试图从物理上理解整个现象时他困惑不解。在1857年写给麦克斯韦的一封信中,法拉第问麦克斯韦:

能否将他的数学研究的结论用日常语言表达,就像在数学公式中一样充分、清楚和确定?如果这样的话,这对于我辈岂不有极大的裨益？——从它们的象形文字中翻译过来，以便于实验……如果这成为可能，如果致力于这些课题的数学家给予我们这样的成果，除了用他们特有的方式，还能够以这种通俗、有用、可行的方式，那岂不是好事？

不幸的是，法拉第的请求至今也得不到满足。

不能从质上或者说从物质上解释电磁现象，这与麦克斯韦及其同行所提供的严格的量的描述形成鲜明的对比。正如牛顿运动定律为科学家提供了处理物质和力的手段而没有解释以太，麦克斯韦方程使科学家能够利用电现象成就奇迹，而对于其物理本性的理解的欠缺却令人悲哀。在统一、可理解的描述的方式中，我们所能得到的就是量的定律。数学公式是确定的、全面的，而质的解释却是模糊的、不完整的。电子、电磁场和以太波只是给出现在公式中的变量提供了名字，或者如冯·霍尔姆霍兹所言，在麦克斯韦理论中电负荷只是一个符号的接受者。此言颇为中肯。

如果对于电磁现象缺乏物理理解，没有能力用物理术语来推理，那么我们对于这一实在到底是怎样把握的？我们有什么根据声称我们已掌握了？数学定律是探测、揭示和掌握物理世界这一巨大领域的唯一手段，数学是人类所拥有的唯一知识。对于这些神谕式奥秘的外行来说，这样来回答是不能令人满意的，尽管如此，如今科学家已习于接受了。的确，面对如此之多的自然奥秘，科学家非常乐于将它们埋在数学符号的重压之下，埋得是如此彻底，以至于许多代研究者没有注意到所隐藏的实质。

我们面对着这样的事实：科学理论的最大领域之一几乎完全是数学的。感官印象能够确证从这一理论得出的逻辑推论，例如导线中的感生电流，或者在离发射源几百英里之外接收到的电流。但理论的主体本身却是数学的。

我们本该在某个范围内对这种独特的事态有所预料。探讨完牛顿关于万有引力的成果以后,我们考虑过这样的问题:引力是什么? 它是如何作用的? 在那时我们也发现:得不到对于引力作用的物理理解。我们有一个数学定律来描述这种力的量值,运用这一定律和运动定律,我们能够预言实验的结果。而对于引力这一中心概念却一无所知。

由此可以看出,最佳的科学理论之核心是数学,或者更准确地说,是一些公式和由此得出的推论。科学理论的坚固有力的基础方案是数学的。我们的心智建构已超过了我们的直觉和感官知觉。在引力和电磁理论中,我们都必须坦白对基本机制的无知,而将表述我们所知的任务交给数学家。作出这样的坦白我们可能会失掉自豪感,但我们也可以得到对于事态的真实理解。埃尔佛雷德·诺斯·怀特海说过:"现在已完全认识到这样的悖论:数学的高度抽象是调控我们对于具体事实之思想的真正武器。"现在我们能理解他的意思了。

有这样一些现象,尽管在物理上是实在的,离开了人类的推理,却完全不明了。自从数学科学确认了这样的现象,数学的独创性就存在于上述悖论中。怀特海曾说过,从人类思想中去除数学就像去除了奥菲利娅而不是哈姆雷特。的确,奥菲利亚很有魅力且有点疯狂,不过,若比作哈姆雷特那会更切题。

1931 年爱因斯坦是这样描述麦克斯韦之后物理实在之概念的改变:"这是自牛顿以来物理学所经历的最深刻、最有成果的发现。"

第8章
相对论的序幕

常识是 18 岁之前在头脑中铺下的偏见层。

阿尔伯特·爱因斯坦

公理是被几千年的时间神圣化的偏见。

埃里克 T·贝尔

与在数学科学本身中的情形有点类似。大约在 1900 年,数学物理学家对他们的成就和物理理论的状况自鸣得意,自我满足。他们不是揭示了一个全新的世界——电磁现象的世界——即将丰富、加速和扩展我们的文化和经济世界,改善人类的交往?两个世纪以来以太已被接受作为光和电磁现象传播的介质,这麻醉了数学物理学家,使他们进入了安闲、无批判的睡眠。

然而,1900 年的自满自足是暴风雨前的平静。当非凡的成就所带来的欣喜消退之时,数学物理学家意识到尚有一些大问题需要解决。一种解决方式——相对性理论,将彻底改变我们关于物理世界的科学概念。直到今天,这场革命也没有向公众展示无线电和电视那样的影响力,但是对于我们理解物理世界的本性、理解什么是客观实在的,其含义却同样至关重要。

数学家和物理学家看见了什么问题使他们清醒起来,对于宇宙的重大现象采取了全新的处理方式? 第一个问题就是关于物理空间的几何学实质。为理解这个问题,我们须按原路返回去。

在过去的两千年中,有一些数学家质疑过欧几里得平行公理的物理真实性,这条公理是:

> 如果与两条直线相交的直线在同一边所形成的内角都小于直角,那么延长这两条直线,它们将在角度小于直角的直线那一边相交。

也就是说,如果角 1 和角 2 之和小于 180°,那么直线 a 和 b 延伸到足够长将会相交。

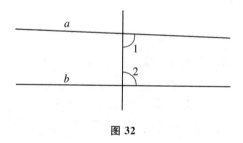

图 32

欧几里得有充分的理由来以这种方式表述其公理。他本来可以这样断言,如果角 1 和角 2 之和为 180°,则直线 a 和 b 永不相交;也就是说,直线 a 和 b 平行。然而,欧几里得显然不敢设定会有永不相交的两条无限长直线。当然无论是经验还是自明性都不能证实无限长直线的行为。然而,欧几里得在其平行公理及其他公理的基础上确实证明了无限长平行直线的存在。

欧几里得所表述的平行公理被认为有点太复杂了,缺少其他公理的简单性。很显然即使欧几里得也不喜欢平行公理的这种表述,因为直到在未加利用它就证明了所有的定理以后,他才开始用它。即使在古希腊时代,数学家们已开始致力于解决欧几里得平行公理所提出的问题。所做的尝试有两类。第一类是以一种似乎更自明的表述来替代平行公理。第二类是试图从欧几里得的其他九个公理中推导出它。如果可能的话,欧几里得的表述将会成为定理,不再有问题。在两千年的时间里,几十个大数学家,更不用提小数学家,在两类尝试中都努力过。这段历史既漫长,专业性又强,这里不再重述,因为对这段历史的叙述很容易找到,且与我们的主题并不是特别相关[*]。

所提议的替代公理中,我们至少应该讨论其中一个,因为这是当今我们通常在高中时学到的。这种表述归功于约翰·普雷夫埃(John Playfair,1748—1819),是他于 1795 年提出的:

通过不在直线 l 上的一给定点 P,在 P 和 l 的平面中有一条且只有一条直线与 l 不相交。

尽管所有其他替代公理似乎比欧几里得的表述简单,细加考察会发现并不比之更令人满意。当然,普雷夫埃的平行公理将欧几里得所回避的当作了公理,即可能有两条永不相交的无限长直线。

在第二类解决平行公理问题的尝试中,即寻求从其他九条公理推导出欧几里得的断言,最有意义的尝试是由盖洛拉摩·萨克里(Gerolamo Saccheri,1667—1733)做出的,他是耶稣会牧师,帕维亚大学的教授。他的想法是这样的,如果采纳了与欧几里得公理在本质上不同的公理,就有可能得出与其他定理矛盾的定理。这样的矛盾意味着否认欧几里得平行公理——唯一

---

[*] 在本书作者的《数学:确定性的丧失》(*Mathematics:The Loss of Certainty*,牛津大学出版社,1980)中可以找到对这段历史的叙述。

一条有问题的公理——是不成立的，从而欧几里得平行公理必
然是真的——也就是说，它是其他九条公理的结果。

我们来考虑与欧几里得公理等价的普雷夫埃公理。萨克里
首先假设通过点 P（图 33）没有直线与 l 平行，从这条公理以及
欧几里得所采纳的其他九条公理，萨克里的确推导出了矛盾的

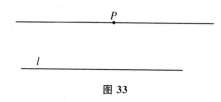

图 33

结论。萨克里接着尝试
了第二种唯一可能的选
择，即通过点 P，至少有
两条直线 p 和 q 无论如
何延长都不会与 l 相交。

萨克里继续证明了许多有趣的定理，直到他得到了这样一
个定理，它是如此奇怪、如此令人难以接受，他断定这与先前确
立的结果矛盾。所以萨克里认为有充分的理由得出这样的结
论：欧几里得平行公理实际上是其他九条公理的推论，于 1733
年出版了他的《从归谬法证明欧几里得》（*Euclid Vindicated
from All Faults*）。然而，后来的数学家意识到萨克里在第二
种情况下没有真的得出矛盾，因而平行公理问题依然未决。

寻找欧几里得平行公理的可接受的替代，或证明欧几里得
的断言必是其他九条欧几里得公理的推论，这类尝试是如此之
多，又都徒劳，1795 年伟大的数学家让·勒翁·达朗贝尔（Jean
Le Rond d'Alembert，1717—1783）将平行公理问题称作"几何
学基础中的丑闻"。

渐渐地，数学家们开始接近对于欧几里得平行公理之地位
的正确理解。在其 1763 年的博士论文中，后来成为海姆斯达特
大学教授的格尔奥格·S·克吕格尔（Georg S. Klügel，1739—
1812）作出了一个杰出的评论：人们接受欧几里得平行公理之
为真的确定性是基于经验。这一评论第一次引入了这样的思

想：是经验而不是自明性支持这条公理。克吕格尔对于欧几里得断言能被证明表示怀疑。此外，他还意识到萨克里没有得出矛盾，而只是得出了奇怪的结果。

克吕格尔的论文启发约翰·海因里希·兰伯特（Johann Heinrich Lambert，1728—1777）继续研究平行公理。在其著于1766 出版于 1786 的书《论平行》（*Theorie der Parallellinien*）中，有点类似萨克里，兰伯特考虑了两种必须择一的可能性。他也发现，假设没有通过 P 平行于 l 的直线会产生矛盾（图 33），然而，他没有断定假设至少有两条平行于 l 的直线通过 P 会产生矛盾。更进一步，他意识到任何一组不导致矛盾的假说都提供了一种可能的几何学。这样的一种几何学将会是逻辑上有效的结构，即使可能与物理形状关系不大。

兰伯特和其他人如亚伯拉罕 G·凯斯特纳（Abraham G. Kästner，1719—1800）的成果值得强调一下。后者是格廷根大学的教授、高斯的老师。他们相信欧几里得平行公理不能根据欧几里得的其他九条公理证明出来，也就是说，它独立于欧几里得的其他公理。三者都认识到一种非欧几里得几何学的可能性——也就是说，这种几何学关于平行线的公理与欧几里得公理在本质上不同。

致力于解决欧几里得平行公理问题的最杰出的数学家是卡尔·弗里德里希·高斯（Karl Friedrich Gauss，1777—1855），充分意识到试图确立欧几里得平行公理是徒劳的，因为这是哥廷根的常识。然而，直到 1799 年高斯仍然试图从其他似乎更真实的假设中推导出欧几里得平行公理，依然相信欧几里得几何学是关于物理空间的几何学，尽管他能够构想其他的合乎逻辑的非欧几何。1799 年 12 月 17 日，高斯写信给他的朋友和同事沃尔夫冈·波尔约（Wolfgang Bolyai，1775—1856）说：

我的工作已有进展。然而我所选择的路径根本不会引向我们所追求的目标,而你言之凿凿说你已到达这个目标。相反,我的工作似乎促使我怀疑几何学本身的真理性。的确,我已偶然得到了多数人会当成是(从其他的公理推导出欧几里得平行公理的)证明的许多东西,但在我看来这什么也没证明。

自 1813 年以后,高斯就发展他的非欧几何学。起先他叫做反欧几里得几何学,后来又叫做超感觉世界几何学,最后才叫做非欧几里得几何学。他相信它是逻辑上自洽的,还相当肯定可用于物理世界。

在 1824 年 11 月 8 日给他的朋友弗兰茨·阿道夫·陶里努斯(Franz Adolph Taurinus, 1794—1874)的一封信中,他写道:

> (三角形)内角之和小于 180° 的假设导致了一种奇怪的几何学,非常异于我们已有的(欧几里得几何学),但完全自洽,我已经将其推展阐明到完全满意了。这种几何学的定理看起来是悖论,对于未入其道的人来说,是荒谬的,然而静心沉思发现它们绝没有包含不可能的东西。

我们不讨论高斯所创非欧几何学的细节,他创始了,但没有写成充分的演绎表述,他所证明的定理与那些我们在罗巴切夫斯基和波尔约的成果中遇到的非常类似。1829 年 1 月 27 日在给数学家、天文学家弗里德里希·威尔海姆·贝塞尔(Friedrich Wilhelm Bessel, 1784—1846)的信中他写道,他很可能永远不会出版在这个课题上的发现,因为他担心被讥笑,或者如他自己所说,他害怕比欧世恩人的叫嚣,这个比喻是指古希腊一个头脑迟钝的部落。我们应该记住,尽管几个数学家已逐渐接近非欧几何工作的尾声,广泛的知识界依然为欧氏几何是唯一可能的几何学这个信念所主导。我们所知道的关于高斯在非欧几何学中的工作是从下列材料中搜集的：给朋友的信中，《格廷根学报》1816 年号和 1822 年号上的两篇短评，以及在他过世后留下的文档中发现的 1831 年笔记。

因创造非欧几何声誉更盛的两个人是罗巴切夫斯基和波尔约。实际上，他们的工作只是先前创新观念的尾声，然而因为他们发表了系统推演的著作，通常受到喝彩，被称为非欧几何的创造者。俄国人尼古拉·伊万诺维奇·罗巴切夫斯基（Nikolai Ivanovich Lobatchevsky, 1793—1856）受业于喀山大学，1827 年至 1846 年是那所大学的教授和院长。自 1825 年起，他在许多论文和两本书中发表了对于几何学之基础的观点。约翰·波尔约，沃尔夫冈·波尔约之子，是匈牙利军官。他的关于非欧几何（他叫做绝对几何学）的 26 页论文《绝对空间的科学》（*The Science of Absolute Space*），作为其父的两卷本著作《将好学青年引入纯粹数学原理之尝试》（*Tentamen juventutem studiosam in elementa Matheseos*）第一卷的附录出版。尽管这部书在 1832—1833 年间面世，因而在罗巴切夫斯基发表的著作之后，波尔约似乎在 1825 年就构想出非欧几何的概念，并在那时相信新几何学并不自相矛盾。

高斯、罗巴切夫斯基和波尔约已意识到根据其他九条公理不能证明欧几里得平行公理，而且为确立欧几里得几何还需要一些附加公理。因为平行公理是独立的，所以至少在逻辑上有可能采纳一条与它矛盾的陈述，并推展这套新公理的结果。

这些人所创立的专业知识相当简单。我们不妨来看看罗巴切夫斯基的成果，因为三者基本都做了同样的事情。罗巴切夫斯基有胆识地放弃欧几里得平行公理，而作了萨克里实际上已作出的假设。给定一直线 *AB* 和一点 *P*（图 34），则对于 *AB* 来

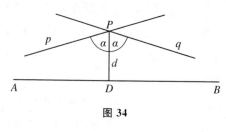

图 34

说所有通过 P 的直线分成两类,即与 AB 相交的一类和与 AB 不相交的一类。更精确地说,如果 P 点到直线 AB 的垂直距离为 d,那么存在这样一个锐角 α,所有和垂直线 PD 所形成的角小于 α 的直线都将与 AB 相交。两条和直线 AB 所形成的角为 α 的直线为平行线,α 叫做平行角。经过 P 点而与 AB 不相交的直线,除了那些平行线,其他的叫做非相交线。不过在欧氏几何中,这些也叫做平行线。从这种意义上说,在罗巴切夫斯基几何学中,经过 P 点有无穷数量的平行线。

他接着证明了几个关键性的定理。如果角 α 等于 $\pi/2$,那么欧几里得平行公理成立。如果角 α 是锐角,那么随着垂直线 d 减少到零,角 α 增加并接近 $\pi/2$。此外,当 d 趋向无穷时,角 α 减少并接近零。三角形的角度之和总是小于 $180°$,随着三角形面积的减少接近 $180°$。并且,两个相似三角形必然全等。

关于这种非欧几何学,最有意义的是它能像欧几里得几何那样准确地描述物理空间。欧氏几何并不是物理空间的必然的几何学,其物理上的真理性并没有先验的基础来保证。这种认识首先是由高斯得到的。这并不需要专门的数学发展,因为数学已发展到这一步。

然而,没有人会很容易地产出财宝。很显然高斯反复考虑了数学的真理性这个问题,发现了可作为根基的岩石。在 1817 年写给海因里希·W·M·奥尔贝斯的一封信中,他说道:

我越来越相信,欧几里得几何的物理必然性是不能证明的,至少不能由人类理性,也不适合人类理性来证明。现在不行,也许在来生我们能获得对于空间之实质的洞察。在到达那一步之前,我们不能将几何学放在纯粹先验的算术一类,而应该和力学放在一类。

和康德不同,高斯并不认为力学定律是真理。相反,他和另外一些人追随伽利略,相信这些定律是建立在经验基础上的。高斯断言真理在算术中,因而也在建立在算术基础上的代数和分析中,因为算术的真理对于我们的心智来说是清楚的。

罗巴切夫斯基还考虑了他的几何学对于物理空间的应用,并给出了一个论证,证明能应用于非常大的几何形状。由此看来,到 19 世纪 30 年代,不仅非欧几何得到了承认,其应用于物理空间也被看成是可能的。

在罗巴切夫斯基和波尔约的成果发表后长达 30 年左右的时间里,数学家们忽视了这种非欧几何,只是视为逻辑上的奇珍。一些数学家并不否认其逻辑连贯性。另有一些认为它必含有矛盾,因而是无价值的。几乎所有的数学家都坚持物理空间的几何学,那唯一的几何学,必是欧几里得式的。威廉·W·哈密顿(William R. Hamilton, 1805—1865),那个时代的杰出数学家之一,在 1837 年他表示了对非欧几何的反对:

> 任何坦诚、有智性的人都不能怀疑平行线主要性质的真理性,这在两千年以前已由欧几里得在其《几何原本》中提出了,尽管这人有理由期望得到更清楚、更好的方法之处理。这一信条并不包含思想的模糊或混乱之处,并没有在人的头脑中留下合理的怀疑根据,尽管在改进其论证结构的过程中,可以有效地发挥智巧。

1883 年在对于英国科学促进协会的主席演说中亚瑟·凯雷(Arthur Cayley, 1821—1895)也支持哈密顿的观点:

　　我的观点是，以普雷夫埃的方式表达的欧几里得第十二公理（通常叫做第五公理或平行公理）并不需要证明，而是我们的空间观、我们经验中的物理空间之不可缺少的一部分。人们通过经验熟知了它，而它是所有外部经验的基础表象……倒不是几何学命题只是近似地真理，对于欧氏空间来说它们是绝对地真理，而很久以来欧氏空间被看成就是关于我们的经验的物理空间。

　　费利克斯·克莱因（Felix Klein，1849—1925），近代真正伟大的数学家之一，也表达了差不多同样的观点。尽管凯雷和克莱因自己也从事非欧几何学（我们将看到，有好几种）研究，他们只是将其视为新奇的东西，当在欧几里得几何学中引进人为的新的距离函数时成立。他们拒绝承认非欧几何和欧氏几何同样根本、同样可应用。当然，在前相对论的时代，他们的观点是站得住的。

　　不幸的是，数学家们抛弃了上帝，因而那位神圣的"几何学家"拒绝启示他用哪种几何学设计了宇宙。数学家们不得不利用自己的才智。有几种可供选择的几何学，这一事实本身就令人震惊。更令人震惊是，人们不再能肯定，非欧几何是否最终可用于物理空间。

　　选择一种适合物理空间的几何学这个问题，最初是由高斯提出的。而这又激发了其他的发明创造，进一步促使数学界相信，物理空间的几何学可以是非欧几里得的。创造者是格尔奥格·伯恩哈特·黎曼（Georg Bernhard Riemann，1826—1866）。他是高斯的学生，后来成为哥廷根大学的教授。尽管黎曼不知道罗巴切夫斯基和波尔约的成果的细节，但高斯知道。黎曼当然知道高斯对于欧氏几何的真理性及其必然可应用性的怀疑。

高斯引入了另一个革命性的观念,为黎曼耸人听闻的想法铺平了道路。通常我们将球面几何放在三维的欧氏几何学中研究,因而并没引入一些叛逆性的观念。但是设想将球面作为就其本身范围内的空间来考虑,建立一种适合这个空间的几何学。正交坐标不能用了,因为这需要直线,而球面上不存在直线。有人可能想到利用经度和纬度作为点的坐标。下一步可能会想到确定从一点到另一点的最短路径。很快,由至智的数学家们所解释的经验导向了这样的结论:最短路径是经度线圆圈这样的大圆的弧,事实上,是任何圆心在地心的圆的圆弧。这些圆将是这种几何学中的"线"。继续研究这种球面上的几何学,会发现许多奇怪的定理。例如,由大圆的弧(即这种几何学中的线段)所组成的三角形,其内角和将大于 180°。

高斯在其著名的 1827 年论文中提示,如果我们将表面作为独立的空间来研究,那么适合这些表面的二维几何学会很奇特,将取决于这些表面的形状。如此一来,椭球体的表面(大约是橄榄球的形状),将有一种不同于球体的几何学。

平行"线"又会怎样呢? 很显然,因为任何两个大圆相交不止一次而是两次,必须有这样一条公理:任何两条"线"在两点相交。很清楚,球面几何学后来被承认为一种新的非欧几何学,叫做二重椭圆几何。对于地球表面来说这是自然的几何学,而且,合乎与三维欧几里得几何学的球体表面同样实际,至少同样方便。

黎曼熟悉高斯的这些思想。黎曼为取得无薪讲师(格廷根大学的一种教职)资格需作演讲,高斯指示了几个可能的题目,黎曼选作几何学的基础,于 1854 年对格廷根的哲学教师们作了这次演讲,当时高斯在场。这次演讲于 1868 年发表,题目是《论几何学基础中的假说》(*On the Hypotheses Which Lie at the*

Foundation of Geometry)。

　　黎曼所做的关于物理空间几何学的研究重新考虑关于空间结构的整个问题。黎曼首先提出这个问题:关于物理空间究竟什么是确定的? 在我们根据经验来确定物理空间中成立的特定公理之前,我们在空间这个概念中预设了什么条件或者事实? 他打算从这些被当作公理的条件或者事实出发,进一步推导出性质。这些公理及其逻辑结果会是先验的且必然是真的。而空间的任何其他性质则不得不从经验中习得。黎曼的目的之一是证明欧几里得的公理是经验性的而非自明的真理。他采取了分析的方法(即代数和微积分),因为在几何学证明中我们可能受知觉误导设定一些事实,而表面上无法辨明其真假。

　　黎曼对先验的探求将他引向了对空间的局部研究,因为其性质在不同的点可能不同。这种方法叫做微分几何法。这与在欧几里得几何或高斯、波尔约、罗巴切夫斯基的非欧几何学中将空间作为一个整体来研究不同。

　　黎曼的方法将他引向了根据两个典型点或者说泛点来定义距离,这些点对应的坐标只有无穷小量的差别。他称这个距离为 ds。他设定在三维空间(尽管他考虑的是 n 维)中这一距离的平方

$$\mathrm{d}s^2 = g_{11}\mathrm{d}x_1^2 + g_{12}\mathrm{d}x_1\mathrm{d}x_2 + g_{13}\mathrm{d}x_1\mathrm{d}x_3$$
$$+ g_{21}\mathrm{d}x_1\mathrm{d}x_2 + g_{22}\mathrm{d}x_2^2 + g_{23}\mathrm{d}x_2\mathrm{d}x_3$$
$$+ g_{13}\mathrm{d}x_1\mathrm{d}x_3 + g_{23}\mathrm{d}x_2\mathrm{d}x_3 + g_{33}\mathrm{d}x_3^2$$

其中 g_{ij} 是坐标 x_1, x_2, x_3 的函数,$g_{ij} = g_{ji}$,对于 g_{ij} 的所有可能的值,右边总是正的。这种 ds 的表达是对欧几里得几何中的公式的推广:

$$\mathrm{d}s^2 = \mathrm{d}x_1^2 + \mathrm{d}x_2^2 + \mathrm{d}x_3^2$$

这本身就是毕达哥拉斯定理的微分形式。将 g_{ij} 作为坐标的函数,黎曼提供了这种可能:在不同的点空间的性质可变化。从这个公式出发,可以用微积分的方法推导出关于长度、面积、体积及其他性质的许多事实。

在这篇演讲中,黎曼还有许多更有意义的论点。他补充道:"这个问题还有待于解决,即在什么范围内、在何种程度上这些关于空间的先验假说可由经验确证。"物理空间的性质只能通过经验获得。具体说来,欧几里得几何学中的公理对于物理空间来说可能只是近似真的。他用这个预言家式的论断结束了这篇论文:

> 所以,或者空间背后的实在必形成一个离散的流形,或者我们必须在加于其上的约束力中寻求其外在的度量关系之根据。这将把我们引向科学即物理学领域。这不是我们今天的研究目的,就不论及了。

黎曼提示,真实空间的性质必须把发生在空间中的物理现象考虑在内。如果黎曼不是在 40 岁就去世了,可能会将这深刻的思想展开。

这个论点由数学家威廉·金登·克利福德(William Kingdon Clifford,1854—1879)进一步发展。克利福德相信,一些物理现象,是由空间曲率的变化引起的。曲率不仅在不同的地点有变化,而且随时间不同而不同,而这是物质运动的结果。空间与多山丘的地面类似,在这样的空间中,欧几里得几何学的规律无效。对物理定律的更严格的研究不能忽略空间中的这些山丘。

克利福德在 1870 年写道:

> 事实上我坚持:(1)空间分成的小部分在性质上类似

于平均说来表面平的小山丘。(2)这种弯曲或扭曲的性质持续地以波的方式从空间的一部分传到另一部分。(3)这种空间曲率的变化实际上就是在那种我们叫做物质运动的现象中所发生的,不管这种物质是重的还是轻的。(4)在这个物理空间中除了这种变化并无其他发生,这种变化可能遵循连续性定律。

克利福德还提出了这种可能:引力效应可能是由空间曲率引起的,但当时的空间度量还不能确证他的想法。的确,尽管这种观点很精彩,还须等待爱因斯坦的研究。

如果我们考虑多山地区地球表面的自然几何学,黎曼和克利福德所提出的观点就变得更容易理解了。在这样的地区表面上,可能就没有直线。此外,在无论什么样的曲面上,两点之间的最短距离几乎永远不是直线。还有,这些最短路径,即短程线(geodesics),不必具有同样的形状。山中居民可能会继续考虑三角形。也就是说,给定三点和连接这三点的短程弧。这些三角形具有什么性质?很显然,这些性质取决于由短程弧包围的地面的形状。有些三角形的内角之和可能远大于 180°,而另一些可能远小于 180°。毫无疑问这些人将得出一种非欧几何。这种几何学的一项重要性质就是其非同构性:即这种几何学中的图形的性质会随地点不同而不同,正如山地表面的形状随地点不同而不同。

高斯于 1855 年声名大噪时去世,此后其笔记中的资料为人所用,而黎曼 1854 年的论文于 1865 年发表,这使一些数学家相信非欧几何学可以作为物理空间的几何学,并且认为再也不能确定哪一种几何学是正确的。

非欧几何学及其关于几何学之物理真实性逐渐为数学家们所接受,但并不是因为对其可应用性的论证以某种方式加强了。

早在 1900 年代量子力学的奠基人马克斯·普朗克就给出了理由:"一种新科学理论的胜利并不是通过使对手信服、使他们看见真理,而是因为其对手最终死去,而熟悉新理论的一代长大了。"

我们上面一直在讨论数学家们如何为物理空间的几何学而烦恼。另一个问题开始困扰 19 世纪的数学物理学家。在 18 和 19 世纪的科学思想中,一个根深蒂固的假设就是引力之存在。根据牛顿第一运动定律,如果不受外力作用,静止的物体将保持静止,运动的物体将持续以恒定的速度沿直线运动。因而,如果没有引力,握在手中的球被释放时将悬停在空中。同理,如果没有引力,行星将沿直线射向太空。而这种奇怪的现象从来没有发生过。宇宙运行时似乎有一种引力。

尽管牛顿证明了,同样的量的定律适用于受引力作用的所有地上和天上的效应,却从来没有人理解引力的物理性质。太阳离地球 93 百万英里之遥,它是怎样向地球施加引力的? 地球是怎样对其表面附近各种各样的物体施加引力的? 虽然没有答案,物理学家也没有感到困惑不安。引力是一个如此有用的概念,他们满足于接受其为物理上真实的力。的确,如果不是因为 1880 年左右出现的其他更紧迫的问题和困难,物理学家在引力问题上的自我满足也许还不会被扰动。

由于引入引力而引起的另一个问题也被平静地推到一边。任何物体拥有两种有明显区别的性质:质量和重力。质量是物体对其速度或运动方向之改变的抵抗。而重力是地球吸引一物体的力。在牛顿理论中物体的质量是常量,而重力取决于物体离地球中心的距离。在地心,物体质量不变而重力为零。在月球表面上,质量还是一样的,但是月球的吸引只是地球的 $\frac{1}{80}$,不过到引力中心的距离只是在地球表面上的 $\frac{1}{4}$。鉴于在引力定律中的平方反比律（第 6 章），月球对其表面上的物体的吸引是地球的 16 倍。两种效应的总的结果就是，物体在月球上的重力是地球上的 $1/80 \times 16$，即 $\frac{1}{5}$。宇航员在太空船上和在地球上具有同样的质量，但在那上面没有重力。

虽然物质的这两种性质是有区别的，但在一给定地点两者的比例总是一样的。这一事实就像是在每年煤产量和小麦产量的比例都严格相同一样令人惊奇。如果煤产量和小麦产量实际上就是这样关联的，我们就应该在这个国家的经济结构中寻求解释。同样，也需要解释重力对质量的恒定比例。在爱因斯坦之前，还没人找到答案。

在我们考察爱因斯坦的成果之前还需提及另一个物理学假设。解释光的本性的企图可追溯到古希腊时期。具体说来，自 19 世纪早期以来，普遍接受的关于光的观念是将它看作波动，像声波一样。因为在没有介质波的运动是不可能的，科学家就推断必有一种介质来负载光。然而没有证据表明光从遥远的星星或从太阳上传来所经过的空间含有任何物质实体来传播波。因而，科学家假设一种新的"实体"以太的存在，它不可视、不可尝、不可嗅、不可称量，也不可触摸。此外，以太还得是一种固定的媒体，弥漫整个太空，地球和其他天体在其中运动像在真空中一样自由。如此一来，假定以太拥有的性质是互相矛盾的（见第 7 章）。

尽管 19 世纪后期物理学的基础中有许多可疑且不可理解的假设，任何时代的任何科学家群体都没有像他们那样深信已发现了宇宙的规律。19 世纪是乐观的；19 世纪是极度自信的。

200 年的部分成功冲昏了科学家和哲学家的头脑,宣称牛顿运动定律和万有引力定律是思想和纯粹理性的规律的直接结果。假设这个词没有出现在科学文献中,尽管牛顿曾经明确表示过,引力和以太概念是假设,并且在物理上没有得到一点理解的假设。尽管如此,对于牛顿来说不可思议的东西对于 19 世纪后期来说却是不可思议的成就。

第9章
相对性的世界

宇宙的伟大建筑师现在显得像是一位纯数学家。

詹姆斯·H·金斯

自然界的普遍规律应该由对于所有的坐标系都成立的方程来表达。

阿尔伯特·爱因斯坦

当美国物理学家在1881年决定检验地球在静止的以太中的运动时,对于物理学的彻底大检修就开始了。阿尔伯特·A·迈克尔逊根据一个非常简单的原理设计了一项实验。

稍加计算就能证明,在一条河中向下划一段距离再返回,比在静止的水中用的时间更长(我们在第1章讨论直觉时已碰到这个概念)。譬如说,如果一个人在静止的水中以每秒4英里的速度划行,那么在没有水流存在的情况下,他划行 12 英里再返回需用 6 小时。然而,如果水流的速度是每小时 2 英里,那么他下行时的速度将是每小时 4+2 英里,上行时的速度将是每小时 4-2 英里。以这种速度他整个行程所用的时间将是 2+6,即 8 小时。这里涉及的原理是,如果一恒定的速度,如水流的速度,阻碍运动比促进运动用了更多的时间,结果将是时间的损失。

迈克尔逊和一位后来的合作者埃德华·W·莫雷(Edward W. Morley,1838—1923)运用了上述原理。从地球上的 A 点(图 35),发送一束光到地球上的 B 点;从 A 到 B 的方向是地球绕太阳运动的方向。预计光线以通常的速度经过以太传播到 B,然后再被反射回 A。不过,由于地球的运动,当光线向着 B 点的镜子传播时,镜子又运动到了一个新位置。因而,地球的运动使光线到达镜子延迟。光线是在 C 点被反射向 A。而当光线向 B 点运动时,地球带着 A 点运动到 D,并且光线返回时,地球又带着 D 点运动到 E 点。因此,地球的运动促进了光线从 C 到 E 的运动。然而,从 C 到 E 的距离比从 A 到 C 短。这样,光线返回时受地球的促进比射出时受地球的延搁的时间短。地球的运动和前面的例子中水流的速度起了同样的效果。因此,根据上面所述的原理,光线从 A 到 C 再到 E 所用的时间将比地球在以太中静止时它传播两倍 AB 距离所用的时间多。尽管运用了一种叫做干涉仪的精巧灵敏的探测装置,迈克尔逊和莫雷也没能探测到时间的增加。很显然,地球经过以太的运动没有发生。

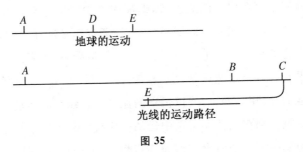

图 35

物理学家们面对着一个不可回避的两难境地。负载光所需要的以太必须是地球在其中运动的固定的介质,然而这种假设和实验结果不一致。理论与这样一个根本性的实验不一致是不能忽略的。到这时物理学家相信他们的科学中的某些假设需要彻底检修了。

另一个相关的困难摆在 19 世纪的数学物理学家面前。为理解这点让我们说几句题外话。牛顿相信绝对空间和绝对时间的存在,在其《自然哲学的数学原理》中是这样来定义的:"绝对空间,按照其本性而不管外在的一切,是保持不变、不动的。绝对的、真实的、数学的时间,自发地、按照其本性、均匀一致地流动下去,而不管外在的一切。"他认为离开了物体和人类经验,这些概念也有其客观实在性,并且他相信对于一个超人的观测者即上帝来说,它们是可知的。此外,对于这个宇宙的数学和科学规律的完美的表述是那些上帝根据其绝对的量度能够得到的规律。只有知道了地球相对于固定不动的观测者上帝的运动,人类才能将上帝的规律转化为真实的形式。可以看出,牛顿的科学思想根本是建立在包括上帝、绝对空间、绝对时间和绝对规律这样一些形而上学假设之上的。牛顿的同时代人和后继者中,尤其是欧拉和康德,相信这些概念的存在。

当然,牛顿认识到人类不具备关于绝对空间和时间的知识,因而他假定存在惯性的观测者,即那些牛顿第一运动定律对其成立的观测者。我们可以回想一下,这条定律是这样说的,如果没有力施加在一物体上,静止的物体将保持静止,或者运动的物体将沿直线以恒定速度运动。给定了一惯性观测者,就可以找到其他的,或相对静止,或以恒定的速度沿直线相对运动。所有这些观测者都在惯性参考系中运动。让我们利用一个简单的实例来说明一下这个概念。假设在以恒定速度运动的船,一个旅客以恒定的速度运动,并度量他运动的距离。再假定岸上的一个人度量了旅客从起始点到终止点的距离。当然,岸上测得距离更大。如果将船的运动考虑在内,这个差别就可以解释了。很明显,有两个参考系,一个参考系是岸上人的,另一个参考系是船上旅客的。

考虑这样两个以均匀速度平移运动的参考系,再假定一物体相对于这两个参考系运动。相对于第一个参考系,物体有特定的轨迹,并以特定的速度沿轨迹运动;相对于第二个参考系,轨迹和运动都不同。从数学上考虑,用正交坐标系来表示所需要的参考系。在图 36 中,我们假定参考系 K 固定不动,参考系 K' 以恒定的速度相对于 K 向右运动。假定处于两个参考系中的观测者有相同的时钟。

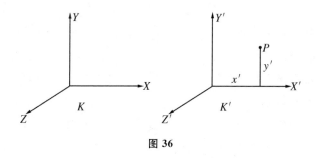

图 36

现在空间中有一点 P,其坐标在 K' 中是 x' 和 y',在 K 中是 x 和 y。因为右边的参考系以速度 v 运动。x' 和 x 的关系由 $x = x' + vt$ 给出。这个方程将 P 相对于 K' 的横坐标变换为 P 相对于 K 的横坐标。而且 $y = y'$。此外,如果两个观测者以同样的方式来度量时间间隔,那么

$$t = t'$$

在牛顿物理学中所有的力学定律在这样的变换下保持不变。也就是说,以坐标 x、y、t 表示的定律若用 x'、y'、t' 表示还是具有

同样的形式,只要第二个参考系相对于第一个的速度是恒定的。

这两个参考系叫作伽利略参考系或惯性参考系。其中一个相对于另一个匀速运动。两个之间没有加速运动或者旋转。用牛顿的术语来表达,伽利略参考系保持静止或者在绝对空间中以均匀的平移速度运动而没有加速或旋转。究竟哪一个在绝对空间中静止是不能确定的,但我们既然知道了变换规律,这无关紧要。此外,在一个参考系中成立的微分方程在另一个参考系中也成立。再重复一下,经典的力学定律在两个参考系中是一样的。

接下来我们来考虑麦克斯韦方程组。在 19 世纪结束时,人们相信同样的偏微分方程在伽利略参考系中成立。如此一来似乎在电磁学中和在牛顿力学中情形相同。然而,这一信念导致了矛盾。若定律在参考系 K 中成立,为得出在 K' 中成立的定律,我们对于 K 运用变换定律。对于电磁学方程,我们必须修改变换定律,加上两个参考系相对速度的项。理由很简单,速度不是不变的,麦克斯韦方程组包含光速 c。譬如说,一个光信号向右以速度 c 传播,而另一个以速度 c 向左传播。向右运动的观测者在追赶光,对于他来说信号的速度是 $c-v$。另一方面,这个观测者在逃离第二个信号,他相对于这个信号的速度是 $c+v$。对于运动的观测者来说,这两个光信号不以相同的速度传播,所以麦克斯韦方程组对于他来说不具有相同的形式。就麦克斯韦方程组来说,只有一个优选的参考系:相对于以太静止的参考系。

如此一来,将麦克斯韦方程组从一个参考系变换到另一个相对于它匀速运动的参考系,表明麦克斯韦方程组与牛顿力学定律的行为不同。在后者中,一个简单的变换就从一个参考系转到另一个参考系,而对于麦克斯韦方程组却不是这样的。

　　杰出的数学物理学家亨德里克·安图·洛伦兹（Hendrick Antoon Lorentz，1853—1928）想出了一种可行的解决方法。假如保持麦克斯韦方程组的不变性，而修改从一个参考系到另一个的变换定律，会怎样呢？为简单起见，我们假设只有空间的一维和时间变化了，从一个正交坐标系到另一个相对于它匀速运动的坐标系，洛伦兹得出了如下的方程：

$$x' = \frac{x - vt}{\sqrt{1 - v^2/c^2}}, \ y' = y, \ z' = z, \ t' = \frac{t - vx/c^2}{\sqrt{1 - v^2/c^2}}$$

　　这些方程假定第二个参考系与第一个沿着相同的方向运动，即沿 x 方向。我们注意到，在洛伦兹方程中，距离与时间是关联在一起的。此外，x 和 x' 之间、t 和 t' 之间的关系不像伽利略变换中那样简单。尤其是，t 和 t' 并不是同时的，即两者不相等。我们再留意一下，c 是光的速度，每秒 186 000 英里，而人通常遇到的速度相对来说是如此之小以致洛伦兹变换实际上可还原为伽利略变换。

　　1905 年阿尔伯特·爱因斯坦（Alber Einstein，1879—1955）登场了。爱因斯坦更倾向于物理而不是数学。尽管数学他懂许多，随后又不断地学了很多，数学对于他来说却不过是工具。物理学更重要。他对电磁理论的成果和赫兹的成果尤其敬佩。虽然在 20 世纪他关于相对论的成果是革命性的（下一章我们将看到，关于量子力学也是如此），他是 19 世纪伟大思想家中最后一个只是把数学作为物理思想之辅助的。尽管如此，他的相对论是完全建立在数学基础之上的。

　　研究完洛伦兹的成果和麦克尔逊-莫雷实验以后（不过关于这两者他了解多少是有疑问的），爱因斯坦致力于消除经典力学和电磁理论之间的明显的矛盾，并解决我们已提到的一些其他问题(见第 8 章)。他在 1905 年的一篇题目是《论运动物体的电动力学》(On the Electrodynamics of Moving Bodies)中论文中提出了狭义相对论。从根本可以说,狭义相对论的某种特定形式产生于电磁理论。

爱因斯坦直面难局,作了几个假设。既然除了惯性系没有方法来确定绝对空间和时间,他设定,在力学中也一样,从一个惯性系到另一个的变换不是牛顿式而是洛伦兹式的。这一决定不是任意的或独断的。洛伦兹曾经致力于求得麦克斯韦方程组在正交变换中的不变性。爱因斯坦相信他能够扩展牛顿定律的范围,即使仅对于惯性参考系成立也好。光速对于所有观测者来说都是一样的(而不管光源的运动),这一事实也影响了他,而这也成了其狭义相对论中的一个设定。此外,既然电磁场对于电子施加作用力,而力是一个力学概念,有充分理由相信洛伦兹方程应该适用于力学。他抛弃以太概念。究竟光如何传播、曾经是且仍然是未解之谜。歌德曾经写道,在理论和实践生活中最伟大的艺术是将一个难题变成一个设定。这就是爱因斯坦在 1905 年所做的。

让我们来考虑一下从爱因斯坦的狭义相对论中的设定所得出的一些推论。第一个就是,有两个观测者,一个相对于另一个以匀速沿直线运动,两者对于事件的同时性意见将不一致。让我们来考虑一个有点平凡的实例。

假设在快速运动的长火车中,旅客同时看见两道闪光。一道发自最前面车厢的一点,另一道发自最后面的车厢。一个观测者站在铁轨旁边,也处在最前和最后车厢的中央,他也看到了两道闪光,但不是同时的。从最后车厢发出的闪光先到达观测者。要考虑的问题是:这两道闪光是同时发出的吗?

两个观测者认为它们是不同时的。因为地上的观测者正处在两道闪光中央,它们传播了同样的距离,因而到达他这里花费了同样的时间。因为观测者先看见从后面发出的光,这道光必是先发出的。车上的旅客会这样推断:从后面发出的光的速度在他看来是光速减去火车的速度。而从前面发出的光相对于旅客的速度是光速加上火车的速度。因为这两道光都经过火车长度的一半的距离到达他,后面的光线必然是先发出的以使两道光线同时到达。这种情况似乎没有任何困难。

这两个观测者在两道光线的发射顺序上也是一致的,因为他们都假定地上的人相对于以太静止,而火车上的旅客相对于以太在运动。然而,假设采取不同常规的观点,即认为火车相对于以太静止,而是地球向着火车后部运动。根据这种观点,火车上的旅客会正确地得出结论,因为他同时看见了闪光,它们是同时发出的。地上的观测者毫无疑问会坚持他先前的观点,即他和地球相对于以太静止,后面车厢的闪光是先发出的。现在关于两道闪光的同时性意见不一致了,起因是对于谁相对于以太静止意见不一致。那么究竟是谁呢?

不幸的是,火车上的旅客相信火车相对于以太静止,和地上的观测者相信地球在以太中静止同样有道理。因为迈克尔逊-莫雷实验表明,我们不能检测出经过以太的运动。因此,两个相对运动的观测者关于两个事件的同时性必然意见不一。

如果两个观测者关于两个事件的同时性意见不一,对于距离的度量也必然意见不一。假设火星上的观测者和地球上的观测者愿意度量地球到太阳的距离。因为距离在不断变化,他们必须在给定的瞬间同时度量。然而,为使两个观测者商定一个给定的瞬间,两者必须在事件的同时性上取得一致,譬如说标志那个瞬间的钟表响声。因为相对运动的观测者关于这些事件的同时性不会取得一致,他们"在给定的瞬间"对于地球到太阳的距离会得出不同的度量结果。

物体所经过的路径的性质也取决于观测者。我们再来考虑一个简单的例子。从匀速运动的火车上掉下的石头在火车上的旅客看来是沿直线下落,但在地上的观测者看来似乎是沿着抛物线路径。换句话说,轨迹随观测者而变。

两个相对运动的观测者不但对于距离的量度而且对于时间间隔也会意见不一。否则的话,他们将对于标志间隔结束和开始的事件之同时性取得一致;而这他们做不到。

爱因斯坦作了进一步的推论。如果一个观测者静止,而另一个观测者相对于他以恒定的速度 v 沿固定方向运动——譬如说,运动的观测者在火车上——运动物体上的长度在静止的观测者看来要短些,反之亦然。至于时间,静止的观测者发现相对于地球运动的观测者进展得更慢。运动者的雪茄在静止的观测者看来持续的时间是他自己雪茄的两倍。换一种说法,参考系 S' 中的一个钟表静止,从另一个参考系 S 看来,S' 中的钟表每秒钟慢 $(1-1/\beta)$,其中 $\beta = \sqrt{1-v^2/c^2}$。反过来也成立。一般说来,两个参考系之间的关系符合洛伦兹变换。此外,除了考虑任何单一的观测者外,时间和空间的度量不能分开,正如对所有的观测者来说不能分开水平距离和垂直距离的量度。

应该强调的是,当我们讨论不同的观测者度量长度的差别时,我们所谈的不是距离的效果或者视觉错觉。当我们谈论对于时间间隔的不同意见时,也不是在谈论心理或者情感效应。

现在来考虑一个数量例子。一个地上的观测者会发现,相对于地球以每秒钟 161 000 英里的速度运动的火箭的大小是火箭上的人所量大小的一半。而这样一个火箭上的时钟在地球上的观测者衡量,比火箭上的观测者衡量来要慢一半。对于地球上的物体和事件的大小和时间,火箭上的观测者也会得出同样的结论。更进一步,在其自身的时空世界中,两者都是对的。

这个长度和时间之局域性的信条,是相对论的惊世骇俗的新断言之一。虽然观念陌生,但我们必须看到:比起牛顿绝对时空的观念来,它们更符合实验和我们上面检视过的关于同时性的推理。的确,如果不是这样,科学家们不会坚持片刻,不管是相对性还是绝对性。相对于另一个观测者以速度 v 运动的观测者所见到的长度和时间关系可以从洛伦兹变换中推导出来。

狭义相对论设定的另一个结果涉及速度的叠加。假设一个人在静止的水中以每小时 4 英里的速度划行,而水流的速度是每小时 2 英里。总速度是每小时 6 英里吗?根据狭义相对论却不是这样的。总速度 V 用一般项来表示就是

$$V = \frac{u+v}{1+uv/c^2}$$

其中 u 和 v 是两个速度,这个公式的一个有趣特征是,当 $u=c$ 时,$V=c$。

也许狭义相对论隐含的最奇特的推论是任何物体的质量随其速度而增加。爱因斯坦在其 1905 年的第四篇文章中讨论了这个论题。如果用 m 来表示相对于观测者静止时物体的质量,其数学表达式是

$$M = \frac{m}{\sqrt{1-v^2/c^2}} \tag{1}$$

其中 M 是运动物体的质量而 v 是其速度。怎么会是这样呢?当物体的速度增加时,它的分子当然不会增加。这种结果是出人意料的。可以证明,作为一种很好的近似,质量的增加非常接近静止质量的动能除以 c^2。粗略地讲,质量的增加等于能量。可以这样说,运动的质量似乎增加了,其实从物理上讲增加的是

一份能量。

上述质量与能量的关系令人难以置信。但这几乎是我们日常经验的组成部分。我们先来考虑质量向能量的转化。我们都曾用过手电筒。这时我们将电池中的质量转化为光,而光具有能量。光能使玩具辐射计的叶片旋转。很明显,光具有质量,撞击了辐射计。在供暖系统中我们燃烧燃料,我们燃烧汽油推动汽车。这时我们也是将质量转化为能量,正如我们燃烧木头产生热,而热是一种能量形式。实际上光是地球上能为我们所用的能量之源。它由植物转化为化学能。在绿色植物的光合作用中,光的能量被捕获,利用来将水、二氧化碳和矿物质转化为氧气和富含能量的有机化合物。

爱因斯坦曾经提示,在放射性粒子如高速运动的 β 粒子(电子)中可发现质量的增加,这已经在实验上得到验证。另一种相关的情况是,如果加热粒子,给其提供了能量,质量会增加。

还有一个相反的过程。物质会通过发出相应量的能量而损失质量。在一种相对无害的情形中,可以减慢粒子的运动,发出能量。不幸的一面是,基本离子的裂变和聚变会放出辐射,这里就有了原子弹的基本概念。

理解质能等价的关键是考虑质量是如何表现自己的。质量的一种基本性质是惯性,即对速度改变的抵抗。为增加速度,必须施加能量;速度越高,改变速度所需能量就越多。公式(1),增加速度,物体获得了更多的惯性或质量。我们可以用代数来表示:

$$M = m + \frac{1}{2}m\left(\frac{v^2}{c^2}\right) \tag{2}$$

右边的第二项是动能除以 c^2。这样,质量的增加是动能。无论我们说质量随速度而增加,能量有质量或就是质量,或者说能量作用使质量增加,都无关紧要。无论能量的增加是不是动能,同样的事实成立。获得改变的是富含能量的物质之惯性。

不过,爱因斯坦走得更远。当质量处于静止时,其能量在数量上等于 mc^2,其中 m 是物体的静止质量。于是爱因斯坦将公式(1)作为以速度 v 运动的物质的质量。事实上,他做了推广,论证了 $E = mc^2$,其中 E 代表质量 m(不只是静止质量)中所有能量(用我们的符号来表达就是 $E = M(c^2)$)。他还证明,对于辐射能量 E 必须分配惯性,其等价质量是 E/c^2。这些结论不是从狭义相对论中推导出的,但是与其一致。如爱因斯坦在其《相对论的含义》(*The Meaning of Relativity*)一书中所说:“因而质量和能量从本质上说是一样的;他们只是对同一个东西的不同表达。物体的质量不是恒定的,它随能量的改变而变。”

在日常经验中,我们人为区分质量和能量。它们是用不同的单位来度量的,即克与尔格。E 所具有的质量在数量上等于 E/c^2,其中 c 是光速。然而,现在看来更加肯定的是:质量和能量是度量同一个东西的两种方式。如果有人反对说,不应该混淆,它们是有区别的两种性质,那么我们应该理解,它们不是感官可感的性质,而是数学术语表达了更可直接把握的性质(即质量和速度)之组合。

爱因斯坦继续思考力学、电磁学和其他的课题,在后来的研究中受了赫曼·闵科夫斯基(Hermann Minkowski, 1864—1909)的强烈影响。后者是他在联邦技术学院(苏黎世理工学院)学习时主教授。闵科夫斯基在 1908 年说过:

> 我展现在你们面前的时空观是从实验物理学的土壤中生发出的,其力量就在于那里。这种时空观是激进的。从今以后,空间自身和时间自身注定会消失成影子,只有两者的结合才能维护一种独立的实在。

　　闵科夫斯基同意:事实是这样,我们怀有这样一种时间观:它独立于任何空间观念,持续流动。尽管如此,当我们观测自然界中的事件时,我们同时经验(experience)到时间和空间。此外,时间本身总是用空间手段来度量的,例如用钟表指针经过的距离或单摆经过空间的摆动。而且,我们度量空间的方法必然涉及时间。即使用最简单的方法度量距离,即用一根测杆,在度量期间时间在流逝。因而,对于时间的自然的看法应该是将空间和时间结合起来;世界是四维时空的连续统。

　　对于两个事件的时空间距的空间和时间部分,不同的观测者会得出不同的测量结果。这是事实,但如果我们考虑的是三维空间自身,这并不出人意料。在地球上不同地区的两个人看到的是同一个三维空间,但其中一人将其所经验的空间分成垂直和水平方向,这与另一人的水平和垂直方向不同。尽管如此,我们还是将空间看成三维的整体,而不是水平和垂直范围的人为组合。同理,不同的观测者也会将时空分解成不同的时间和空间部分。这种分解对于做出这种分解的人来说,与正在走下一段楼梯的人对于水平和垂直方向的区分同样真实和必要。作为人类,我们做出区分,而大自然将空间和时间一起呈现。实际上我们在日常生活中有时也混同时间和空间。我们说一颗星星多少光年远,就是说这颗星星与光在这些年里所经过的距离一样远。火车时刻表也是地方和时间的组合。

　　爱因斯坦继承闵科夫斯基的观点,即宇宙应该被看成是四维时空世界,但爱因斯坦狭义相对论的这些令人吃惊的革新并没有解决前一章所列举的所有问题。引力如何将物体拉向地球,并维持行星在其轨道上,以及为什么在一给定地点质量和重力的比率总是恒定的,还没有给出解释。

　　爱因斯坦接下来试图将狭义相对论推广到这样的相对运动

的参考系，其中一个相对于另一个加速运动。1907 年，爱因斯坦在考虑重力问题时意识到，引力质量和惯性质量不可区分，于是更一般理论的钥匙出现了。是什么促使科学家这样区分？根据牛顿运动定律，当一定质量的物体需要改变方向或速度时，$F = ma$ 中的质量是惯性质量。譬如说，当击打桌上的台球使其运动时，这里涉及的质量是惯性质量。然而握住一个台球让其下落，它的下落却是因为地球的质量吸引台球的质量。在这一现象中，涉及的是引力质量（重量）。这两种质量是一样的吗？这个问题并没有烦扰牛顿，但是随着关于质量的全新问题出现，却使爱因斯坦不安。他断定引力质量和惯性质量是同一的，引力质量不过是全新的时空中的惯性质量。

为跟得上他的思路，我们首先考虑电梯中的一位乘客，而电梯因缆绳断掉而自由降落。乘客可以忽略引力，因为这种力没有对他作用。事实上，乘客对于电梯的地板没有压力，没有重量。在降落的电梯中，如果乘客掉了一块手帕或手表，它们下落，但是因为电梯也下落，因而它们就停留在开始下落的地方。在电梯内部，只有惯性质量能作用于物体。然而对于外部的观察者来说，有引力作用在电梯及其中的物体上。

更一般地说，在一个受均匀重力作用的参考系中所作的所有观测，与在一个均匀加速的参考系中完全一样，加速度和引力是等效的。这就是爱因斯坦的等效原理。换种说法就是，一个在引力场中自由降落的观测者，与一个不受重力作用但以自由落体的加速度运动的观测者，有相同的经验。

受闵科夫斯基时空观的影响，加上他自己关于惯性质量和引力质量的思想，以及希望推广狭义相对论以适应一个参考系相对于另一个参照系加速运动的情况，爱因斯坦采取了弯曲时空的观点。真实引力场的非均匀性不允许在大的范围内以单一的加速参考系来代替它。因而,他运用了黎曼和克利福德的思想(不过他可能并不知道后者):时空中物质的存在可以被整合到几何结构中去。

对于爱因斯坦的四维弯曲空间我们无法形成物理图像,但下面的类比可以给我们一点直觉。考虑地球的形状。尽管为了许多目的将其看作球面就足够了,但它不是。有多山地区,有山谷,有深渊。在这样一个充满了其他东西的表面上,什么是短程线即最短路径? 当然这随表面形状的不同而不同,在不同地区也不同。

爱因斯坦将等效原理整合到其广义相对论中。在这个数学时空中,任何物质都会使其周围的时空弯曲,结果所有自由运动的物体都遵循那个区域的相同的弯曲路径,即短程线。用古典力学的术语来说,物体加速是因为某种力如引力作用其上。然而在广义相对论中,加速度是由时空的性质造成的。对于所有惯性质量的效果是一样的,等效原理自然就满足了。

这样,爱因斯坦广义相对论的主要思想是,时空的几何结构将物质的存在考虑在内,从而排除了引力(严格地说,时空中所有的物质包括运动物体都必须考虑在内,然而如果运动物体的质量很小,它对时空结构的参与很小,就可以忽略了。这也适用于行星)。行星和从太阳到达地球的光遵循的路径是由四维时空的结构强加的。这些物体和光,如果自由运动的话——即不受任何力的作用——遵循的路径是时空的短程线,即最短路径,正如在牛顿力学中,光遵循最短路径,和其他不受(曾经归因于引力的)力的作用的物体一样。在局部上,广义相对性的时空是狭义相对性的时空;而在整体上,狭义相对性的结论被纳入广义相对论中。

以时空的几何学来解释先前当作引力效果的现象,也解决了另一个未曾解决的难题,即为什么在地球上或地球附近所有物体其重力与质量的比值都是常数。从物理意义上说,这一恒定比值是所有质量落向地球时的加速度,根据牛顿定律,这是由地球施加在质量上的引力造成的。因而,重力与质量的恒定比值意味着所有的物体在落向地球时都遵循同样的空间和时间行为。然而,根据爱因斯坦对于引力现象的重新表述,先前当作引力的东西成了地球附近的时空形状所造成的效果。根据修正的第一运动定律,所有自由降落的质量必须遵循时空的短程线。换句话说,所有的质量在地球附近应该显示出同样的空间和时间行为,确实如此。这样,剔除重力概念,对于先前归因于重力的效果提出一个更满意的解释,相对性理论解决了重力与质量的比值是常数这个难题。

爱因斯坦还面临着另一个难题。我们每个人都是时空中的一个观测者,每个人都会在自己的坐标系中表述时空定律。因而,为保证定律对于所有的观测者都是相同的,爱因斯坦希望这样来表述它们,使得当从一个观测者的坐标系变换到另一个坐标系时定律保持不变。这里爱因斯坦面对的是一个数学难题。他与其同事格尔奥格·皮克讨论他的困难,后者让他考虑由黎曼、埃尔文·布鲁诺·克里斯托佛、齐奥其欧·里齐-库巴斯托洛以及后者的著名学生图利奥·利维-齐维塔发展起来的张量分析(tensor analysis)。接着,爱因斯坦找到了苏黎世的另一个同事,微分几何学家马赛尔·格劳斯曼(1878—1936),向他学习了张量分析。他和爱因斯坦在 1913 到 1914 年间合写了三篇文章。在几年时间内,爱因斯坦能够运用黎曼几何学和张量分析来表述广义相对论,并表明了如何将定律从一个坐标系变换到另一个。爱因斯坦承认他受惠于张量分析的创立者。在 1915 年他写了四篇文章论述相对论,关键的一篇是 1915 年 11 月 25

日写的。这篇文章表明,通过张量分析,自然定律在所有数学上可接受的坐标系中都有同样的形式。

广义相对论在当时来说尤其奇特、激进,是什么促使数学物理学家接受它呢?

爱因斯坦基于其激进的理论,作了三项预言。行星的近日点是在其椭圆轨道中离太阳最近的点。根据牛顿力学,最内的一颗行星水星每年会改变其位置,偏离所观察到的位置,量大偏差约是每百年 5 600 弧度秒(1 弧度秒等于 1/3 600°)。其中大部分,大约每百年 5 000 弧度秒,是由于我们是从运动的地球上观察造成的。勒伟烈于 1856 年证明,部分偏差,大约每百年 531 弧度秒,是由其他行星的引力造成的。剩下的偏差没有得到成功的解释,直到爱因斯坦用其广义相对论解释了它。这些数据是近似的,因为自 1915 年的预言以来又有了许多新的观测。此外,任何计算都是复杂的,因为一个运动的行星增加了时空的弯曲。

爱因斯坦还预言恒星发来的光经过太阳时会发生弯曲。至于光的弯曲(曾假定光有质量),曾被认为是引力场(在这种情况下是太阳的引力)的作用。科学家曾预计擦过太阳的光线的偏移是 0.87 弧度秒。而爱因斯坦的预言是 1.75 弧度秒。这个数据由 1919 年日食期间的观察所证实。将 5 个月之前所拍的恒星照片(当恒星处于远离太阳的夜空中时)与日食期间所拍照片比较,阿瑟·斯丹利·爱丁顿能够证明星光的偏移量与爱因斯坦的预言一致(见图 37)。爱丁顿的成果是相对论发表不久获得的,因而为爱因斯坦思想被接受做出了巨大的贡献。

爱因斯坦还预言了第三个现象。一般地说,原子尤其是加热气体中的原子,发射出几种或多种频率的光。爱因斯坦的预言是,原子发出的光在太阳场的不同部分,会比同样的原子在地

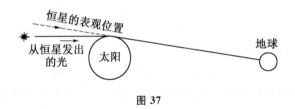

图 37

球上发出的光振动快或者慢。振动频率的变化会以地球上所接收到的光的颜色变化在物理上表现出来。太阳附近的原子对于我们地球上的观测者来说会显得更红些,即光的波长红移。这种红移也观察到了。

鉴于这些实验证据,看来爱因斯坦的广义相对论已完全确立了。爱因斯坦的理论包含了牛顿理论,作为一级近似,这是又一个证实。然而,还有表面看来无足轻重的一点。我们所描述的实验所起作用甚小,甚至在其狭义和广义相对论受到检验之前爱因斯坦就确信他是正确的。

如今,狭义和广义相对论不仅仅是我们的科学知识中不可或缺的组成部分,对于所涉及的现象,它们提供了我们关于物理世界所能拥有的最好的知识。我们应该接受它们吗?具体说来,我们应该接受这种观点:事件的同时性、空间和时间间隔取决于由谁来观测这些量?在过去人们会对于这些问题不予理会,因为两个观测者之间任何明显可观的差异取决于一个相对于另一个做高速运动。现在我们既然已送人登月并将宇宙飞船发向土星和海王星,而且太空旅行必将扩展,我们不再是与低速打交道了。

尽管相对论被令人吃惊地戏剧性地证实,许多人还是觉得其四维非欧几何宇宙完全不合口味。没人能够构造出四维非欧几何世界的形象,但是坚持将现在科学和数学的概念形象化的人还处于其理智发展的中世纪。几乎自关于数的研究开始,数学家就已进行独立于感官经验的代数推理。今天,他们有意识地构造仅存于人类头脑中的几何学,从来就没打算将其形象化。当然,也没有完全抛弃与感官经验的接触。要使逻辑结构对科学有用,几何学和代数思考对于物理世界所作出的预言必须与观测和实验一致。然而,坚持推理链(甚至是几何学推理)中的每一步都应该对于感官有意义,那就等于剥夺了数学和物理学两千年的发展。

我们应该回想一下,人们对于地球是球形的这个事实是如何反应的,后来对于地球绕日运动这个事实又是如何反应的。我们的知觉当然不与这些事实一致。这样,对于时间、同时性、空间和质量的相对性概念就更容易接受了。相对论告诫我们,不应将只是在某个参考系中成立的表面现象当作任何意义上的绝对真理。像在其他物理领域中一样,在这里数学定律告诉我们什么是真理、什么是客观实在。大自然不怎么关心我们的感官印象。她继续自己的进程而不管我们是否在场。

相对论所提出的空间和时间的合一以及物质对于时空的影响,这些思想对于 20 世纪早期的哲学家来说是怪异的,但现在却成为越来越广泛地接受的自然哲学的组成部分。大自然作为一个有机的整体向我们呈现其自身,空间、时间和物质浑然一体。在过去人类曾经分解大自然,选取某些他们认为最重要的性质,将其看作完全独立的实体,而忘了这只是从整体中抽象出的侧面。现在获知必须结合这些假设分离的概念以得到对于知识的一贯、满意的综合,人们却感到意外。

亚里士多德首先明确表述了这样的哲学信条:空间、时间和物质是先验的有区别的组成部分。随后科学家们采纳了这种观点,并为牛顿所运用。我们追随牛顿,已如此习惯于将空间和时间看作物理世界中与物质分离的基础性的独特组成部分,而不再将这种观点看成人为的、只是诸多可能的观点中的一种。当然，当代的哲学家，其中包括已过世的阿尔弗雷德·诺斯·怀特海，并不认为对于大自然的这种分析是无用的。相反，结果证明它相当有价值甚至是不可或缺的。不过我们应该意识到，它是人为的。我们不应错将我们的分析当作自然本身，正如我们不该将解剖人体观察到的器官当作活的身体本身。

现在可以理解科学是在何等程度上被数学化成几何学的形式。自欧几里得的时代以来，物理空间的定律不过是欧氏几何的定理。然后，伊巴谷、托勒密、哥白尼和开普勒以几何学概括了天体的运动。伽利略利用望远镜扩展了几何学的应用，用于无限的空间和许多百万的天体。当罗巴切夫斯基、波尔约和黎曼向我们展现如何构造不同的几何学世界后，爱因斯坦抓住了这一思想，将我们的物理世界纳入到四维的数学世界中。引力、时间、物质，和空间一起，成了几何结构的组成部分。这样，"根据几何学性质能最好地理解实在"这一古典时期的希腊信念，以及"物质和运动可以根据空间的几何结构来解释"这一文艺复兴时期的笛卡尔信条，获得了全面的肯定。

第 10 章
物质的分崩离析：量子理论

正如我所反复强调的，如果不由理论来解释，任何实验都没有意义。

马克斯·玻恩

我记得那次与玻尔的讨论，……当讨论结束后我独自到附近的公园里散步时，我反复问自己这样的问题：大自然会如此荒唐，就像它在这些原子实验中对我们表现得这样？

维那·海森堡

本世纪第二项革命性的发展叫做量子理论。到此为止，关于物理世界中什么是实在的、大自然如何活动的知识，还没有任何发展能改变如此之大。

讨论这个课题时，我们将不拘泥于发现的历史顺序，对于数学的贡献和那些精彩的实验也不谈很多。数学已相当高深，涉及诸如微分方程和概率论等领域，不容易表述。但是读者可以确信，数学在这里所扮演的角色和在我们前面考察过的领域中同样关键、有效。

　　量子理论研究的是原子结构，并不是所有的问题都解决了，甚至有些表面的矛盾都没有解决。在这常常叫做微观物理学的学科中，我们正处在发展阶段；与此相对的宏观物理学处理的是大尺度的现象。量子理论所钻研的远在视觉和触觉所及的范围之下，因为即使非常大的原子也只能在电子显微镜下观察到。这一理论关涉的是一个不可见的寂静世界。尽管就其自身来说完全不可感，其效应却像桌子、椅子、我们自己的身体一样真实。也许与此最相似的是电磁世界。尽管对于电磁波我们没有感官知觉，我们却都知道其效应，如无线电和电视中。

　　虽然量子理论的一些成果是试探性的，却已被应用，例如原子弹，这远比过去的一些伟大的数学创造与我们利害攸关。

　　我们的感觉使我们相信，声、光、水和物质都是连续的，但是关于光或者物质的根本结构这个问题早在古希腊时代就提出了。所有的物质都是由不可分的原子组成，这一信念可追溯到留基伯（约公元前 440），后来又由德谟克里特（约公元前 460—前 370）加以发展（atom 这个词源于希腊语，意思是不可分）。德谟克里特认为存在着许多种原子，其大小、形状、硬度、状态和位置不同。大的物体是由数量和排列不同的许多原子组成的，但原子自身不可分。这两人都说过，所有感觉到的性质都只是表象，是原子不同排列的结果。形状、大小以及刚提到过的其他的不同是原子在物理上实在的性质，而其他的性质诸如味道、热度、颜色等不在原子中而只是原子对于知觉者的作用效果。

　　亚里士多德的观点与此不同。他的信条源于恩培德克勒斯（公元前 490—前 430 年），后者坚称，有四种元素，其特性表现在土、火、空气和水中，所有物体都或多或少拥有这些特性。这些特性在吸引（爱）和排斥（恨）的作用下结合，能够解释所有物质现象。事实上，其他的元素（如铜、锡和水银）在古希腊和前希腊时期已为人所知,但亚里士多德及其后继者没有分析这些。亚里士多德相信,原子也是可分的,事实上无限可分,这样物质就是连续的,没有最终不可分的微粒。亚里士多德的观点占主导地位,一直到 16 世纪。

然而,从 17 世纪直到 20 世纪初普遍接受的理论是:原子是不可分的。对于根本上不同的元素如氢、氧、铜、金和水银,人们认为是有不同的原子。此外,还认为,尽管同一元素的原子质量相同,不同元素的原子却不同。普通的物质如水是由分子组成的,而后者又由原子组成。化学就是在这基础上开始的,尤其是罗伯特·玻意耳(Robert Boyle, 1627—1691)在其《怀疑的化学家》(*Sceptical Chemist*, 1661)中就是这样做的。

与玻意耳一致的一个更明确的宣言,是由约翰·道尔顿(John Dalton, 1766—1844)于 1808 年给出的。道尔顿的主要思想是,如果设定对应于每一种化学元素都有特定的原子,化学定律就很容易解释了。每一种物质都由不同种类的不可分的原子的不同组合构成。

到 1860 年大约有 60 种不同的原子已为人所知。就在那个年代,德米特里·伊万诺维奇·门捷列夫(Dmitri Ivanovich Mendeléev, 1834—1901)着手按照原子的质量来排列已知的元素。他注意到在前 16 种元素中,第 8 种和第 16 种有相似的化学性质。然而,他发现,再往后,如果要继续按原子质量增加的顺序来排列,并且使具有相似化学性质的元素相距 8 位,他就不得不空着一些位置。有一些未知元素属于那些空位置,这在门捷列夫看来是合理的推断。这一推理引导门捷列夫去寻找新的元素,不久研究者发现了三种,现在叫做钪、镓、锗,其化学性质门捷列夫能够根据 8 位下的元素性质预见到,他的确就是这样预言的。后来的发现修正了门捷列夫的周期律,但他的排列方式仍是现代周期律的精髓。尽管门捷列夫意识到对于其排列方式所揭示的规律性，他还没有物理上的解释，他提倡利用周期性发现新元素，确定其原子量，并预言这些元素的化学性质，例如它们与其他元素结合组成分子的能力。

由门捷列夫和后来的研究者发现的元素被有序整理，并根据结构的简单性编了号。这样，氢是 1 号，氦是 2 号，一直到 103 号的𬭩。原子量是其质量与氢原子质量的比值，氢的原子量是 1，氦是 4，𬭩是 257。尽管对于原子的可分性和连续性还时而有争论，但到 1900 年，原子被广泛接受为物质最终不可分的组成成分。1907 年开尔文勋爵说原子牢不可破。然而几个不寻常的发现反驳了不可分的信条。1879 年约瑟夫·约翰·汤姆逊爵士给出了原子确实由微粒组成的证据，并得到了电荷及非常轻的带电微粒（叫做电子）的质量的相当准确的数值。1900 年亨德里克·安图·洛伦兹认为这些带负电的微粒的确存在。已发现这些带电粒子的质量大约是 10^{-27} 克，大约是最轻的原子即氢原子的 $\dfrac{1}{2\,000}$。电子的电荷非常小，大约是 $4.803\,25 \times 10^{-10}$ 个静电单位。汤姆逊于 1904 年提出了原子的模型：原子核由这些更小的电子所围绕。这是第一次与原子不可分的传统信念决裂。

这时原子理论还相当简单。所有的原子都由质子（带正电）和电子组成。质子组成了原子的核。不久又发现原子的质量几乎全部集中在核里。氢的原子核是最小的，质量是 $1.672\,4 \times 10^{-24}$ 克。围绕原子核的是电子，其数量是原子的序数。

1896 年安乐尼·亨里·贝克勒尔（Antoine Henri Becquerel, 1852—1908）非常偶然地发现了放射性，与传统理论又一次决裂开始了。随后对于这一现象的研究是由居里家族的两位成员,皮埃尔(Pierre,1859—1906)和玛丽(Marie,1867—1934)进行的。他们发现,原子结构远比所想象的复杂。关于放射性的本质,我们后面要谈得更多一些。不久这些发现者很明确的就是,一些原子的核,例如那些重的,发出粒子和电磁波:α、β、γ射线。α粒子是电离的氦原子,β粒子是电子,γ射线是高频的电磁波。此外,当原子发出 α 粒子时,它就变成了轻点的元素。在对于原子结构的早期研究中,放射性的产物被用来研究原子中的粒子。

厄内斯特·卢瑟福(Ernest Rutherford,1871—1937)曾用放射性的原子做过实验。1910 年,他有这样一种构想:原子结构像太阳系一样,其中太阳居于中央,由运动的行星所围绕。在卢瑟福所提出的原子模型中,原子核居于中央,由电子所围绕,电子在不同的轨道上运动。他确信原子核的体积大约是整个原子的兆分之一(10^{-12})。例如,金的原子序数是 79,其原子核由 79 个电子围绕。原子核主要由叫做质子的粒子组成。然而,为解释原子的质量,卢瑟福提出,原子核中还有电中性的粒子,他称为中子。有一些质子数相同但中子数不同的原子核,这样的原子叫做同位素。

当卢瑟福这些人正在发现和构想原子结构时,一个重大的发现由马克斯·普朗克(Max Planck,1858—1947)在 1900 年提出了,这一发现影响了后来所有关于原子理论的研究。普朗克的研究课题是热辐射,更准确地说是黑体辐射。例如,一块炽热的金属发出光,而我们知道这是电磁辐射的一种形式。普朗克于 1900 年宣称,辐射不是一连续的"流",而是一份一份地或者说以量子的形式发出的,量子的大小取决于原子通常发出的辐射的频率。这个断言尽管没有数学根据却有充分的理由。辐射能量的普朗克公式是

$$E = nhf$$

其中 n 是发出的量子的数量，可以是 $0, 1, 2, \cdots, h$ 是一个常数，叫做普朗克常数（大约是 10^{-26}）。f 是辐射的频率，而辐射是所有量子的复合体，略似水波是水分子的复合。像光这样的辐射似乎是连续的，这是因为由普通电灯泡发出的量子数是如此之大：对于 100 瓦的灯泡来说是每秒钟 10^{20} 个量子。

相反的过程是，频率为 f 的光照在金属表面上时释放出能量。辐射定律告诉我们每一个放出的电子的能量与 hf 成正比。这些量子后来叫做光子。普朗克公式是一个假设，一个侥幸的猜想，或者是非凡的直觉。然而，普朗克大量运用数学来表示和推导他的许多结论。

爱因斯坦 1905 年关于光电效应的论文（我们不需要考察其细节）不仅确证了普朗克公式，而且在运用中显示了其妙处。正如普朗克所断言的，光照在金属上使电子逸出。伴随的辐射能量是量子化的。它由量子组成，每个的能量是 hf。此外，每一个放出的电子的能量与 hf 成正比。只有设定了量子，爱因斯坦才能解释光与原子间的相互作用。只有频率非常高的光才有光电效应，而这不取决于光的强度。不过释放的电子的数量取决于光的强度。普朗克和爱因斯坦的研究引出了难题：光和所有的辐射是由波还是由粒子组成的。后面我们将详述这一点。当前可以明白的是电磁辐射既表现出似波又表现出似粒子的行为方式。

现在我们再回过头来看对于原子结构的研究。卢瑟福的原子理论不能解释这样的事实：绕原子核运动的电子并不发出光或者能量，也不盘旋运动到原子核上、而根据电磁理论，卢瑟福模型中的电子是应该这样的。尼尔斯·亨里·戴维·玻尔（Niels Henrik David Bohr, 1885—1962）对于原子结构"观察"

得更仔细;尽管他接受卢瑟福的太阳系模型,运用数学理论他断定:原子中的电子并不仅仅因为运动就发出能量,电子只能像行星一样在某些特定的轨道上旋转。旋转的电子拥有能量,即任何旋转物体所拥有的机械能。然而只有当电子从一个轨道移向另一个轨道时才会发出或吸收辐射能。此外,发射和吸收是以量子跃迁的方式进行的,即是量子 hf 的整数倍。当原子吸收辐射时,电子从内轨道移到外轨道;而在相反的过程中,它放出量子或光子。

玻尔理论没有解释有关原子辐射频率的所有观察数据,因而关于原子结构和行为的研究还在进行。

至此辐射被看成量子或光子,活动方式像粒子。1922 年路易-维克多·德布罗意登场了,提出了一种思想,这种思想是现在的波动力学中的主旋律。德布罗意思考光波的粒子性(光子),问道:如果光波的行为既像粒子又像波,是否所有的粒子都有波动性呢? 更一般地说,不是应该认为所有的物质都与波有关吗? 波有频率和速度。

借助于偏微分方程中的数学知识,德布罗意推导出:与一个粒子相联系的波的波长 λ 应该等于普朗克常数 h 除以粒子的质量 m 及其速度 v。具体说来就是

$$\lambda = \frac{h}{mv}$$

乘积 mv 是动量,通常用 p 来表示。质量为一克、速度为每秒一厘米的粒子,$\lambda = h$,大约是 10^{-26} 厘米,是原子核的千万分之一。在我们熟悉的大尺度物质世界中,所有的物体与其物质波比较都非常巨大,所以观察不到物质波。

德布罗意关于波与所有物质粒子(尤其是电子)相关的思想,由厄文·薛定谔(Erwin Schrödinger, 1887—1961)加以发

展,后者于 1926 年构造了一个关于函数 Ψ 的偏微分方程,函数
Ψ 能表示这些波的形状。解这个方程就能得出波形,方程的解
叫做本征函数(eigenfunctions)或特征函数(characteristic func-
tions)。当赋予解中的常量以数值时,函数就导向了一些特定
的值,叫做本征值或特征值。原子中电子的不连续的能量值是
以波动方程的本征值出现的,如果能够得出,它们就与玻尔理论
一致。

　　为了理解薛定谔关于电子波如何活动的概念,我们来考虑
一个简图。图 38 表示一个波,现延展到两个波长的距离。如果
这个波是在小提琴弦上拉出的,它将上下颤动,占据实线和虚线
之间的所有位置。它还可能以基础波长的分数(例如,$\frac{1}{2}$、$\frac{1}{3}$)波
长颤动。在薛定谔方程所描述的情形中,这个电子波的波长围
绕着原子核,可以延展 2 个、3 个甚至 5 个波长。在每一种情况
下都是波长的整数倍。最后的波的末端连在最初的波上,即 B
点与 A 点连在一起。

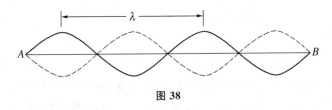

图 38

　　薛定谔的 Ψ 代表物质波的波幅,在空间的各个点不相同,
在时间的各个瞬时也不相同。它们是驻波,基本上限制在原子
核周围的小区域中。每一个都随着与原子核距离的增加而逐渐
衰减,但大多数波都在原子大小的范围内。最低能态下,氢原子
波动模式只在大约 10^{-8} 厘米范围内有可测到的波幅。对于任
何一种原子,薛定谔波动方程的解给出电子不连续的波动模式,

与每一个状态相联系,有特定的能量值。

再重复一下,描述原子中电子的薛定谔波必须被看成是包含一系列不同的波长,而不是单一波形的单一波长。从这一点上说,它很像乐器发出的复合声波。

关于德布罗意-薛定谔波的一个很明显的问题就是:它们是由什么形成的? 换一种说法就是,这种波由什么物质组成? 当19世纪发现光波和其他的电磁波时,这样的问题也提出过。起初物理学家认为那些波是一种叫做以太的神秘物质的颤动,对于其行为构想了各种各样的力学模型。然而最终证明这些观念是站不住脚的,波被看成是一种独立的存在体。在电子波的情形中,薛定谔起初提议波代表电荷的分布,这样在原子中,电子电荷和电子密度从物理上分布在波不为零的空间中。然而,这种行为从来没有观察到。相反,无论什么时候发现电子,其整个的电荷都集中在很小的空间中,可见电子是粒子性的。

严格地说,各个能级中独特的可能的波模式,是指与单个电子自身相对应的波模式。当一个原子中有许多电子时,它们的身份就模糊了,它们的波模式融合成单一的波模式,对应所有的电子。

薛定谔的电子图像就像是变化密度的云,是三维的。这些云相互包围,每一个的密度从零到最大值又从最大值到零变化。云延展到原子外部,但在玻尔所预言的距离处密度最大。云是对于数学公式的解释,图像必然是不清楚的,不可能使薛定谔的数学推导严格地图像化。找到薛定谔方程的分析解是如此之难,因而只有几个问题能够严格求解。不过,这几个与实验非常吻合,而其他的尽管是近似的,也似乎与实验一致。一个能完全求解的问题是关于氢原子的,对于任何实验检验到的问题,它都能回答。

电子在某些情形下的行为像波，这一点由克林顿·J·戴维森（Clinton J. Davisson，1881—1958）和赖斯特·革末（Lester Germer，1896—1971）所进行的著名实验证实了，后来又由乔治·P·汤姆森（George P. Thomson，1892—1975）于 1927 年证实。他们证明了电子波的衍射（利用晶体的栅格结构）。衍射是波绕过障碍物的现象。从原理上，这就是水波绕过船尾时所发生的事情。因此可以肯定在某些现象中粒子的行为像波。现在物理学家确信所有亚原子粒子都有与其相关的波，其波长满足德布罗意所推导出的关系。这样，德布罗意和薛定谔的研究把麻烦的波粒二象性概念推向前台。

尽管有证据表明，在某些情况下电子的行为确实像波，"将电子在原子核周围涂抹"这种想法对于所有的物理学家来说都是不可接受的。既然电子的电荷是一个确定的量，在任何小区域内电荷密度必须无限小这种想法是令人不愉快的。电荷总是电子电荷的整数倍。基于这个理由，且为避免波粒二象性，马克斯·玻恩（1882—1970）于 1926 年提出了对于薛定谔理论的一种完全不同的解释。玻恩引入了几率解释。

概率论，由于和机会对策有关联偶然地进入了数学，在 19 世纪后半期已经由麦克斯韦和路德维希·玻尔兹曼（Ludwig Boltzmann，1844—1906）用来研究并得出描述气体运动的定律——气体分子运动论。事实上，爱因斯坦 1905 年著名的论文之一就是专门研究这个课题的，叫做布朗运动。原来的看法是将电子看成是弥漫的云，密度在各点不同；与此相反，玻恩将密度解释成在任一点发现作为粒子的电子的几率。

对于薛定谔微分方程中的函数 Ψ，玻恩提议 $|\Psi|^2$ 是某一瞬间粒子在某一微小空间内的几率。这样一来，只能知道作为粒子的电子在某处的可能性。例如，如果在某点

$|\Psi|^2=0.8$,那么在那点周围很小的空间内发现粒子(电子)的可能性是80%。几率解释现在仍是公认的解释。

对于在某一给定的空间内找到电子,几率解释能够给出准确的估计。当探测到电子时,它不是弥漫开来,这与薛定谔的物质波理论相反。然而,问题是几率解释是不是最佳的解释,是不是由于部分的无知。

利用概率似乎是没有办法的办法,但是统计力学的历史显示了概率论的价值。任何气体都是混乱的分子运动的集合。但是,利用最可几的值(the most probable values)却可以计算气体的压力及其他值,这些值在物理上是完全有意义的。

爱因斯坦、普朗克和薛定谔都反对几率解释。爱因斯坦在1935年的一篇论文中阐述了其反对意见。他的论据是,量子理论是近似的、不完备的:

> 我拒绝当代统计量子理论中的基本观念,因为我不相信这个基本概念能证明是对于整个物理学有用的基础……事实上,我确信:当代量子理论本质上的统计品格主要应归咎于这样的事实:这一理论是对物理系统不完备的描述。

尽管几率解释现在是公认的,也许通过进一步的研究能够确实无疑地确定电子的精确位置。然而,根据量子力学的新特点,某种程度上的不确定是不可避免的。这就是由维纳·海森堡(Werner Heisenberg,1901—1976)于1927年阐明的不确定原理。粗略地讲,它断言的是,在某一给定的瞬间,我们永远不能期望对于粒子的位置和速度(动量)都获得准确的信息。更精确地说,海森堡证明位置和动量不确定值的乘积至少是$h/2\pi$。他确信这种不确定性,并将其归因于这样的事实:粒子既是波又是粒子。位置和动量分开度量可以得到精确值，但同时却不行。海森堡还说，在这样精细的度量中，探测体就变得事关重大了。

后一种不确定性的原因是测量仪器并不比电子小或者精细。只能用其他的电子或光子，但它们自身对于要观察的粒子有强烈的作用。因而，我们不能无干扰地观察到原子世界中的事件。既然在任何时刻我们都不能同时精确知道位置和速度，关于粒子我们就不能预言多少。我们能够预言几率。经典物理学的观察和实验对此不再有用。

如果普朗克常数足够大的话，宏观现象中也将有这种不确定性。例如，当神枪手瞄准靶子时，我们不能肯定能击中。但量子力学的现实并不对应于宏观的现实。不确定性是波动力学固有的。不过，位置和动量的不确定值非常小，它们对于观察到的（宏观）现象的影响是可忽略不计的。

量子理论的不确定原理也反驳了关于客观性的经典概念——世界有一个独立于观察的确定的状态。这与我们通常关于世界的经验形成对比，后者支持客观性的经典观念：即使我们不知觉它，世界也在运行。早晨一觉醒来，世界还存在，像你睡去时一样。然而，不确定性解释坚持：如果我们对于世界观察得更细一点——在原子的层次上——那么其实际的存在状态部分地取决于我们如何观察它以及我们选择要观察什么。客观的实在必须由"观测者创造的实在"来代替。

对于原子结构的进一步的研究开始集中到原子核上来了。当然，正如我们已提到的，放射性提示原子核不是一个不可分的微粒。辐射性原子发出 α 射线，带有正电荷，数量是电子电荷的两倍，质量是氢原子的四倍；β 射线本质上是电子；γ 射线，是已知最高频率的电磁波。所有这些都从重原子的原子核中发出。

对于原子核的进一步的实验研究,主要是运用加速器或者说原子粉碎器,不久就揭示了原子核绝不是一种单一的实体,而是包含着各种各样不同的微粒,包括质子、中子(本质上不带电荷)、正电子(带正电荷,发现于 1933 年)、轻子、介子、重子、强子、π 介子、夸克等。现在还不断地发现新的粒子;也就是说,从实验结果可以推断出它们的存在。原子核中的诸粒子有多种关系,不过对于我们的目的来说,知道其存在就够了。

尽管有各种各样的核子,质子和电子是所有物质的主建筑材料。我们身体的 99.9% 都归属它们。所有比氢重的原子核除了含有质子外都含有中子。

组成原子核的粒子有些还像电子一样显示了波的属性。氢和氦的原子核尤其是这样。同样真实的是,就其力学效应来说,所有的原子核都保持着粒子的属性。

对于原子核内外的各种各样的粒子来说,更令人吃惊的是其结构发生的改变。例如,一个质子可以将其一个单位的电荷给予一个中微子;这样质子就变成了一个中子,中微子就变成了一个正电子,质量和电子一样,但带有同样数量的正电荷。保尔·A·M·狄拉克(1902—1984)1932 年创立的理论曾预言了正电子的存在。相反的过程是,一个中子可以放出一个电子和一个中微子;然后中子就变成了一个质子。

一个量子或光子能够"分裂"成一个电子和一个正电子。而一个正电子和一个电子可以结合形成两个或者更多的光子。这就是质量转换为能量以及相反过程的范例。

这样,原子核非但不是不可分的,而且还持续变化。许多粒子还衰变,有的快有的非常慢,成为放射能。然而,根据现今所知,质子和电子是不衰变的,不过质子在 10^{23} 年的时间跨度里可能衰变。据认为它们由夸克组成,后者又变成轻子。夸克转化为轻子能促成中子的衰变。现在正在做探测质子衰变的实验。

　　使情况更为复杂的是，量子理论将我们引向了一种独特的现象——反粒子——这由狄拉克所预言并于 20 世纪 30 年代发现。对于许多粒子学家已分离出其反粒子，带有相反的电荷但质量相同。据信当一个粒子遇到其反粒子时，它们湮灭产生一个质量小一些的粒子。我们已经提到，电子和正电子的结合产生两个或更多的光子。此外也有反中子、反中微子、反介子和反夸克。现在所发现的粒子和反粒子的总数大约是 80 种。还不知道是否所有的粒子都有反粒子。人们会希望反粒子的种类和数量是有限的，否则我们都将会变成辐射能。幸运的是，宇宙中的反物质很少，这很出人意料。

　　我们还没有谈过粒子之间的相互作用力。是什么把质子合在一起？它们都带正电荷，应该相互排斥。除了已为人熟知的引力和电磁力外，物理学家还假定有强相互作用和弱相互作用力，这些力将质子和电子合在一起。关于这两种力的本性还不知道，但研究正在进行。

　　对于这个微观的宇宙，我们还能有一个连贯的观点吗？量子理论的概念和结论似乎令人吃惊地违反常规。它们公然违抗、否定，至少抵触常识。在我们平复起初的反应之前，先看看我们如何严肃地考虑这一理论对应的实在。我们知道原子结构的全部理论解释了许多化学结构和化学性质、化学反应。然而还有更实在或者说更可见的现实：根据原子裂变和聚变过程而制造的原子弹。如果一个铀原子受一个中子的撞击，它将分裂，其部分质量将转化为巨大的能量。而且，还可以将这一过程变成链式反应。这就是原子弹和原子能的基本概念。我们已领教过了。

　　相反的过程发生在聚变中，这还有待于控制和利用。如果四个普通的氢原子的原子核聚合成一个氦原子,其质量比氢原子质量的四倍稍小一点,巨大的能量就以光和热的形式释放出来。这一过程持续发生在太阳中。在地球上我们必须利用氢的同位素——氘和氚,其质量是基本的或者说轻的氢原子的三倍和四倍,要使它们聚变需要极高的温度。

有趣的是奥利沃·劳芝爵士在 1920 年就预言说:"将来有一天原子能会取代煤……我希望人类在有足够的才智正确地利用它之前,不要发现如何利用这种能量。"而卢瑟福却在 1933 年认为所谓原子能是荒唐的想法。

我们对量子力学过程的概述已表明在微粒意义上的物质可以转化成波,反之亦然。那么,在物理上实际又是什么呢?为回答这个问题,玻尔提出了互补理论,一种二象性理论,认为在大自然中既没有纯粹的波也没有纯粹的粒子,而只有具有两种性质的实体。光子不是旧的意义上的波。它是粒子波,结合了两方面的特征。电子也不是旧的意义上的粒子,它是波粒子。光子和电子作为波或者作为粒子活动完全取决于我们对其做什么实验。在同一时间任何实体都不会既作为波又作为粒子活动。这样,如果我们用光来做光的干涉实验,光子就作为波活动。而如果我们用同样的光来做光电效应实验,光子就作为粒子来活动。当我们在电子管或阴极射线管中利用电子时,它们是作为粒子来活动的;奇妙的是,如果我们射出一束电子,使其穿过晶体,就会发生干涉效应,正像光波一样。如海森堡在其《物理学和哲学》(*Physics and Philosophy*)中所言:"我们所观察的不是大自然本身,而是大自然对于我们的提问方法所展露的。"

在粒子波和波粒子之间有重大的区别吗?答案是非常肯定的。最根本的区别又与光有关。波粒子永远不会达到光速(否则其质量会变得无限大)而粒子波既然是一种光波,速度正好是

光速。还有许多其他的差异。粒子波（光子）不能有静止质量
（即不运动时的重量），因为如果有的话当作为光来传播时它就
会有无限大的质量。波粒子当然有其静止质量。此外还有其他
的区别。

　　波和粒子是从日常生活中借来的概念，它们合适吗？或者，
判断取决于我们用什么样的仪器来观察吗？也许我们需要新的
概念。

　　至于粒子或波之争，有些人争辩说物质并不像看起来那样
坚实和持久。相反，物质必须被看成是处于高度集中状态中的
能量，很容易粉碎成无质量的粒子，以光速飞向空间。而且，我
们所接受的连续的场，例如电磁场，尽管有实在的影子，主要还
是一种数学构想。事实上，有些科学哲学家和物理学家宣称只
有场是实在的，它们是宇宙的本体，而粒子只是场的短暂的表
现。光波是光子活动的总的数学模式。用爱因斯坦的话来说，
它们是幻影波。薛定谔在 1926 年写的一篇文章中宣称波是唯
一的实在，而粒子只是派生的概念。

　　一种更极端的观点是，传统意义上持久、不可分、充实、坚
硬、广延的实体在我们这里消解了，不再存在。我们所有的是质
量和能量的总量。总量是守恒的，但是质量和能量能相互转换。
这样，在一些粒子反应中，在加速器中一个粒子撞击另一个粒
子，新的粒子形成了，其中就有开始的那些粒子。这怎么可能
呢？加在作为子弹的粒子上的能量变成了质量。根据 $E = mc^2$
能量就是质量，有能量就有质量。它们是同一个现实的互补的
侧面，而对这个现实本身我们不能图像化地描述。任何宏观的
描述都捕捉不到微观现象的行为，而对于在牛顿物理学中所熟
悉的问题的解答在原子现象中都不灵了。

　　如果物质分解成量子或粒子，为什么我们在日常经验中注

意不到呢? 原因是即使一粒灰尘与原子中的粒子比也是庞然大物了。即使给这样的灰尘以小的不可理解的速度,波长也会非常小,运动量子化的效应也观察不到。当我们离开原子领域趋进日常事件的领域时,量子概念就融入了经典概念,这样说是有充分根据的。在中观世界中,这是很明显的,但在原子甚至在宇宙学层次上的世界中,情形就不是这样的。

量子理论对于实验结果的预言相当准,但对于物理过程的理解还不够。譬如说,一个电子在数学上由一个波函数表示,而波函数将电子描述成弥漫在空间中。这个波函数的确给出了在任一给定点发现电子的几率——而一旦发现,它就不是弥漫的了,而是有确定的位置。这样一来,什么是电子的正确图像呢?仪器的指针位置是正确地预言了,但基础的物理机制是不清楚的。数学规则是有效的,但遗憾的是对这个世界缺乏符合常识的解释。很明显的是,为了描述现实,波和粒子都需要。

宇宙的秩序可能就是我们的心智的秩序。我们不只是实在的观测者,而且是参与者。大自然不是一本敞开的书,我们作为独立的观测者就可以读了。放弃物理解释,使许多物理学家和哲学家怀疑我们是否拥有了对于原子现象的合适的描述。尤其是,描述的几率方式应该被看成是暂时的权宜之计,应该最终由决定论的描述所代替。

不过我们不应该忘记,量子理论还是一项相对来说较新的进展。也许再用 50 年,会有一种非常简单的理论粒子和粒子波理论中的困惑解决。许多对于粒子种类的知识都是从阴极射线屏上的一串串的点推断出的。在现代的加速器中,当粒子被撞击时这些点就出现了。从另一方面来说,这些加速器给撞击用的粒子加上了巨大的能量,有人可能会推断说这些能量转化成了质量。物质是真实的? 还是从不可靠的表面的感官观察中派生出的一种印象？从大尺度上说,质量的确是一个统计结果。

　　我们见到,对于原子结构的理解对物理学有巨大的价值,其在辅助化学和生物学研究中的价值也无可估量。也许生物化学会揭示生命和遗传的秘密,从而增进我们的健康、延长我们的生命。至少可以这样说,对于原子本性的探索是富有成效的。

　　对于我们来说最重要的是见到,原子结构的模型不是物理上的,它们完全是数学上的。在混乱的地方,数学提供了秩序。正如狄拉克和海森堡所说,在物理学中,对于大自然的自洽的数学描述是通向真理之路。要求形象化或要求得到物理描述,这只是经典物理学的残余。

第11章
数学物理学的实在

> 我们的处境和这样一个人相似：他有一串钥匙，
> 曾连续打开了几扇门，而且是在第一次或第二次尝试
> 时碰巧就选中了合适的钥匙。对于钥匙和门之对应的
> 唯一性，他开始怀疑了。
>
> 奥伊格纳·维格纳

我们以这样一个问题开始探讨：是否存在一个外部的世界？我们的回答是有，虽然贝克莱正相反对，其他哲学家有所保留。不过，我们的确表明了，我们的感官知觉不仅是有限的，而且还可能误导。而直觉即使经经验改进也被证明没多大助益。因而，尽管数学有其人为性，我们还是求助于它来校正和扩展我们关于外部世界的知识。

人类接受这样的理论：地球绕太阳运动，这不是因为日心说比旧的地心说更准确，而是因为在数学上它更简单。从感官的角度来看，日心说当然不如地心说可信。

为解释行星有秩序地沿着椭圆轨道运动，以萨克·牛顿爵士提出了万有引力理论，而这一理论的物理本性无论是他本人

还是其后继者 300 年来都解释不了。在这个案例中感官知觉被
证明是无用的。

处于纯粹数学上的考虑,克拉克·麦克斯韦断言存在电磁
波,而这完全不能由人类五种感觉中的任一种察觉。然而这些
波的实在性却无法质疑;每一台收音机、每一台电视都宣布了电
磁波的存在。麦克斯韦还得出这样的结论:光也是一种电磁
波。在这一案例中,可以说一个不解之谜由数学取代了。

尽管牛顿相信绝对空间和时间的存在,但不能找到绝对的
参考系。这一情况以及为调和牛顿力学定律和电磁学定律,促
使爱因斯坦创立了狭义相对论。粗略地讲,这一理论认为长度、
质量、时间和同时性完全依赖于观测者。实验上的确证迫使我
们不得不接受这些结论。广义相对论取消了神秘的引力,这使
人们更加相信它。此外,实验所发现的正是广义相对论所预言
的,这使我们更加相信其合理性。

关于原子结构的理论,即量子理论,几乎挑激(chalenges)
我们无法相信。它处理的都是我们不能直接观察的现象,这些
现象的本性我们只能通过其结果来推断。从原子中射出的电子
不是作为粒子而是作为波活动,而且还可以这样来解释作为粒
子的电子的行为:在某一时刻和某一点它们只以几率存在;这
些都使我们难以相信。原子核包含许多粒子和反粒子,其中许
多逐渐衰减,这使我们得出这样一个不可信的结论:从本质上
说外部世界中没有坚实的物质,从而提出这样的问题:我们人
类是由什么组成的? 应该承认量子力学只是一个相对来说新的
科学分支,也许我们应该将其所有的结论看作尝试性的。不管
怎么说,原子弹和原子能都是现实。

当然,上面我们概述数学物理学的章节没有涵盖其所有的
成就。如流体力学这样的课题研究的是从数学上描述水、气体

及其他流体的行为,不过关于实在它没有提出出人意料的结果。对于它所处理的现象我们至少还有一些物理上的觉察。然而,对于我们上面已概述过的现象却不能这样说。它们或者否定感性知识或者完全缺乏感性知识。

我们接受为现实的东西与前人形成强烈的对比,无论是亚里士多德学派还是 17、18 世纪的物理学家。随着运动定律和万有引力定律能支配越来越多的现象,随着行星、彗星和恒星持续地遵循为数学所精确描述的路径,笛卡尔、伽利略和牛顿的假设——宇宙可以用质量、力和运动来解释——成了几乎每个有思想的欧洲人的信念。

贝克莱曾经将导数的微积分概念描述为死去之量的鬼魂。现在物理学理论中有许多是物质的鬼魂。不过,通过数学上明确表述这些鬼魂场的定律(这些在现实中没有明显的对应物),通过推导出这些定律的结果,我们就得出了这样的结论:只要用物理术语恰当解释,它们就可以用感官知觉来核实。

爱因斯坦在 1931 年强调了现代科学的构造性:

> 根据牛顿体系,物理实在的特征可以用空间、时间、质点和力(质点之间的相互作用)诸概念来表述……
>
> 麦克斯韦之后人们将物理实在构想为连续的场,可以用偏微分方程来表示,但不能从力学上解释。对于物理学来说这种现实观的改变是自牛顿以来最深刻、最有成效的。

我上面概述了科学理论之基础的纯粹构造性,这种观点在 18、19 世纪决不是占主导地位的。然而,它的影响持续增大,是由于下面的事实:随着逻辑结构变得越来越简单,也就是说,随着为支持结构所必需的逻辑上独立的概念要素之数量越来越小,以基本概念和定律为一方,以它们的与经验有关的结论为一方,这两方之间在思想中的距离越来越大。

现代科学理性解释自然现象,消除了怪异、恶魔、天使、妖怪、神秘的力以及万物有灵论,因而受到赞赏。我们现在还必须加上,现代科学正在逐渐地去除直觉的和物理的内容,而这些是诉诸感觉的:它消除了物质;它利用了纯粹人工和理想的概念例如场和电子,关于这些我们所知的只是数学化的定律。科学经过一条条长的推理链后还与感官知觉保持着虽很关键却很小的联系。科学是合理化的虚构,由数学加以合理化。

当今科学说明的是一种动态的实在,这个实在随着我们的理解的增长和变化而增长和变化。此外,我们必须承认不能直接知觉之物体和现象的实在性。感性的确证不需要了。大自然比感官告诉我们的更丰富。在常识中没有原子、电子、弯曲时空和电场的对应物。当然,缺少一个有意义的模型是一个很大的缺陷,对于那些局限于常识的经验并很自然地易于根据这些经验来推理的人来说尤其如此。

在人类确定什么是实在的努力中,一种新的因素,即观测者的作用,出现了。在 19 世纪大自然还是作为这样一组现象显现的:其中人和人的介入在原理上(尽管不是在实践上)可以忽略。然而,在 20 世纪,尤其是在原子物理学的领域中,我们不得不放弃旧的观念。我所知的是过程、汽泡室、照片以及荧光屏上显示的效果,根据这些我们推断出基本粒子的活动。这些过程像理解行为本身一样迷失在对那些活动的理解中。而且,如海森堡所指出的,我们所采用的步骤影响了本真的物理活动。当经典力学求助于一个粒子图像或者一个波的图像时,有一个独立于观测者的客观实在。如今物理学定律关乎的是我们的知识而不是在物理世界中什么是真的。我们观测、操作、数学化并得出结论。

经典物理学考虑到测量中的误差因而利用统计理论和概率论。然而，测量出的量是固定的，有严格的数值。在量子力学中情况可不是这样，在这里事件只在统计上可知。没有如在经典物理学中那样越来越精细的设备。粒子在时空中的存在是推断出的。这样，基本粒子的客观实在性并不是消散在关于实在的不清晰或者未经解释的概念之雾中，而是奇怪地分散在数学的明晰中，这里数学不再描述基本粒子的活动而是描述我们对这种活动的知识。

所以我们接受了这样一种观点：真实的世界不是我们从未质疑的感官所告诉我们的，也不是我们有限的知觉所能描述的，而是人类的数学理论告诉我们的。在欧几里得几何学中，尽管点线面以及诸如此类的概念是理想化的，它们是实在客体的理想化。人们可以参照现实中的点线面。在引力和电磁波的情形中我们应该参照什么呢？我们观测它们的效应。但是在数学之外什么是真实的呢？甚至不可否认，想象性的物理图像也不足以解释这些力和场的本质。似乎必然有这样的结论：数学化的知识是我们对于实在的某些部分的唯一的把握。

甚至可以问，数学是真实的吗？意思是说它对于实在世界所表示的在实际上、物理上是真实的吗？也许考虑数学的应用我们可以回答这个问题。约翰·开普勒得意洋洋地宣称每个行星都沿着椭圆轨道绕太阳运行。但是椭圆恰好是开普勒所需要的吗？答案是否定的。开普勒花了几年时间试图找到适合火星轨道数据的曲线，他想到椭圆是因为在数学中椭圆已为人所知。当他发现椭圆轨道非常适合观测数据，而对于这个轨道的偏离可以归为实验误差时，他断定椭圆是正确的。然而，行星绕日的轨道不是椭圆。假如太空中只有太阳和唯一一颗行星，而且两者都可以看作完美的球体，那么那颗行星的轨道会真正是椭圆的。但是真正加在一个行星上的引力不只是太阳的,还包括其他行星和卫星的引力。所以,轨道不是椭圆的。开普勒所用的第谷·布拉赫的天文学观测数据尽管优于前人,却非常粗略,允许开普勒认定椭圆合适,这是很侥幸的。

那么爱因斯坦所运用的黎曼几何和张量分析呢?黎曼几何和张量分析恰好适合相对论吗?很可能不是这样。有充分的理由认为,对于他能利用的数学,爱因斯坦只是尽其所能。尽管广义相对论很奇妙,但它是构造出的。由于太复杂,对解决天文学问题不是很有用。支持它的证据只在于它以更好的准确性预言了三种现象。如果说科学史能够教会我们什么的话,它使我们明白将来有一天这一理论也会被取代。

这两个例子告诉我们,数学所表示的并不一定完全是关于物理世界的。大自然并不规定也不禁止任何数学理论。数学物理学还必须运用牛顿万有引力定律这样的物理学公理。这些公理可能看来是对于经验的概括,但是这样的概括也可能是有错误的。由实验确证的预言用来作为数学或物理公理之根据时必须谨慎。这一点伯特兰·罗素在其《科学的世界观》(*The Scientific Outlook*,1931)已强调过了。他举了下面的例子。如果从这样的假设开始:面包是由石头做的且石头是有营养的,就可以合乎逻辑地断言面包是有营养的。这个结论可以从实验上证实。然而,不消说,那些假设是错误的。

另一方面,创立一门数学原来是为了描述一种物理过程,科学史表明前者比后者更为牢靠。约瑟夫·傅里叶(Joseph Fourier,1768—1830)曾写下了完备、精致的关于热传导的数学理论,这一理论似乎适用于热质说。而认为热是一种流体的热质说后来被抛弃了。正如埃德蒙·伯克所言:"常常是这样,理性的猜测和忧郁的事实不一样。"然而,后来证明傅里叶的数学理论在乐音(musical sounds)和其他现象的分析中不可或缺。

的确有理由质问,对于什么是实在的,数学告诉了我们什么。科学家们奋力与难题斗争,然而解决方法却不是唯一的。在他们努力创立一种理论时,数学能派上什么用场,他们就抓住不放。他们利用可利用的工具,正如当一个人可能用短柄小斧来代替大斧子,事情也可以做好。事实上整个物理学史告诉我们,新的理论代替了旧的理论,正如相对论代替牛顿力学,量子理论代替旧的原子物理学。在探索我们的太阳系以外的宇宙时,相对论迄今所起的作用不大。尽管有非凡的成功譬如说送人登月和给土星拍照,我们也不能断言数学物理学的真理性。

时间和空间是不能被知觉的,这与质量和力不同。我们感觉质量为一种实的东西,而力我们感觉为肌肉的用力感。然而,时间和空间是构造物。我们的确有"在那里"的感觉,位置、体积和广度感。它们是空间的感性根源。时间的感性根源在事件的接续中。空间和时间的这些碎片是由抽象过程加以统一的。空间和时间也许不是我们建造关于真实世界的知识的奠基石。在相对论中它们是基础性的但也许不适合量子力学。甚至长度概念已预设了一根刚性的度量杆,但也许它不是刚性的。在某个地区变化的温度也许改变了它的大小而我们觉察不到。对于面积和体积也有类似的变化。

物理世界的数学理论不是对我们知觉到的现象的描述,而是冒险性的符号建构。数学脱离了感性经验的束缚,不再描述实在,而是建造关于实在的模型,用来解释、计算和预言。

直到大约1850年,人们还相信数学秩序与和谐是宇宙的设计中固有的,数学们还努力揭示那个设计方案。而一种新的观念出现了,数学家们自己的创造物使他们不得不接受这种观念,这种观念就是:数学家本身是立法者,决定宇宙的定律是什么。无论是什么方案或秩序,只要它们成功描述了一类现象,数学家就强加它们于现象,而后者不知为什么继续遵循定律。这一事实意味着有一个最终的定律和秩序,数学家们越来越接近它吗?对此没有答案,但至少可以说,怀疑代替了对于数学化设计的信念。大自然中的灾难——地震、陨星撞击地球、火山和瘟疫——宇宙发生论中那些未曾解决的问题,以及在我们自己的星系中的那些未知领域,更不用提人类面临的难题,所有这些不是否认了一种最终秩序的可能性吗?我们通过数学描述和预言所获得的是凭运气,就像一个散步的人发现了一百美元。

物理学史撒布着被抛弃的理论之残骸。"大自然的盘根错节将由某个定律的有限系统涵盖",这一不断复现的希望似乎注定是永远的失望。如果认定这些过去的经验教训对未来不适用,我们当今的理论不会被时间和经验毁灭,那我们是太大胆放肆了。我们精心创立的体系只不过是我们暂时认作是真理的东西的或多或少有用的模型。数学化的科学中没有一门能够声称唯一把握了实在的本质。认为物理学是客观的而诗歌与政治学不是,这是不正确的。全都关涉真理,没有哪种比另一种更有特权。不过,在精确性和预言方面物理学理论是无可匹敌的。在外部世界中有某种东西,数学化的理论能够捕捉住并加以概述。

我们有一种关于大自然的科学,如人类思考的和描述的那样。科学居于人类和大自然之间。但是从量子理论来看,基本粒子不仅是石头和树那种意义上的实在,而是从真实的观测资料中得出的抽象。如果基本粒子不能成为真实意义上的存在,那么要将物质看成是真实的就更难了。

尽管布莱士·帕斯卡(Blaise Pascal,1623—1662)相信大自然的数学化定律是真理,但他限制了数学的应用范围:"正确性和真理是如此精细的点,以至于我们的工具太粗钝不能精确地触到它们。如果工具达到了那个点,就遮蔽了那个点及近处的空间,因而是建基于虚假上而不是真实上。"

其他人走得更远。P·W·布里奇曼在其《现代物理学的逻辑》(*The Logic of Modern Physics*, 1946)中说道:"数学是人类的发明,这是最简单的不言而喻的道理,一看便知。"那么,很明显的是,像人一样,数学也会犯错。我们在物理学理论上的成就归结起来,不外乎一套与观测到的现象有些联系的数学关系,以及对于物理现象作一些预言(其中有些现象根本观察不到,譬如说电磁波)。抽象推理使我们能够超越从感觉得来的图像,尽管我们还不能完全脱离后者。

对于数学在多大程度上反映或者描述了关于物理世界的真理,这些各种各样的解释必须和许多其他的说法区别开来,这些说法所断言的是数学自身的真理性及其客观实在性,而不一定断言和外部世界的关系。譬如说柏拉图在其对话录《曼侬篇》(*Menon*)中断言数学结构独立于甚至先于经验。在柏拉图看来,数学的存在实际上是不朽灵魂之存在的证明,因为既然定理不是从经验中得到的,那它们必定是伴随灵魂一道进入实在的。定理的发现实际上是对于存在于记忆中的东西的回忆。

在1800年前,所有的数学家坚持这些观点,而且一些后来的数学家仍然坚持。尽管威廉·R·哈密顿所发明的四元数导致了对算术之真理性的质疑,他所坚持的立场非常像笛卡尔的立场:

> 代数和几何这些纯粹数学学科是纯粹理性的科学,实验无助于它们也不会增加其力量,它们与外部的、偶然的现象隔绝,至少可以隔离。……然而,它们看来是我们与生俱来的观念,获得它们只是我们原有能力的发展,我们固有人性的展开。

阿瑟·凯雷,19 世纪的大代数学家之一,在英国科学促进会的一篇演讲(1883)中说道:"我们拥有先天的认识能力,不仅独立于这种或那种经验,而是完全独立于所有的经验……在对于经验的解释中,这些认识能力是心智的贡献。"

哈密顿和凯雷等人将数学看作人类心智中固有的,而有些人却将它看作存在于人之外的世界。相信存在独立于人的数学真理的唯一客观世界,这在 1900 年之前是完全可以理解的。即使首先认识到非欧几何学之意义的高斯,也坚持数和分析的真理性。杰·阿德马尔(Jacques. Hadamard, 1865—1963)是 20世纪重要的法国数学家,在其《数学领域中发明的心理学》(*Psychology of Invention in the Mathematical Field*)中断言:"尽管我们还不知道真理,但真理先于我们而存在,不可避免地将我们必遵循的路径强加给我们。"戴维·希尔伯特,在 1928 年波隆纳的一次国际会议上问道:"如果数学中没有真理,那么我们知识的真理性以及科学之存在和进步又会怎样呢?"

杰出的分析学家焦弗雷·H·哈代(Geoffrey H. Hardy, 1877—1947)在其《数学家的申辩》(*A Mathematician's Apology*)一书中表达了与此类似的观点:"我相信数学实在存在于我们之外,我们的作用是发现或者观察它,我们浮夸地将我们所证明的定理称作自己的创造,而实际上这只是我们的观察记录。"数学家只是发现概念及其性质。

这些断言中有一些是由并不非常关注数学基础的 20 世纪思想家作出的。令人意外的是,甚至一些基础研究的领袖人物——戴维·希尔伯特,阿伦佐·邱奇和布尔巴基学派的成员(见第 12 章)——也坚持数学概念和性质在客观的意义上存在,并可由人类心智把握。这样,数学真理是发现的而不是发明的;进化的不是数学而是人类关于数学的知识。

断言存在着客观、唯一的数学对象,并不能解释数学居于何处。这些断言只是说数学存在于某个人类之外的世界中,一个空中城堡中,只是由人类觉察到。公理和定理不纯粹是人类的创造;相反,它们像是矿藏,须经耐心的挖掘才能为人所见。然而,它们的存在独立于人,像行星独立于人一样。

难道数学就是藏在宇宙深处的钻石,逐渐被挖掘出来吗?抑或是人造宝石,如此光彩夺目以至于使已经为自己的创造而骄傲同时部分丧失了判断力的数学家目眩?

第二种观点——数学完全是人类思想的产物——为被称为直觉主义者的数学家所坚持。其中有些断言人类心智保证了真理性,而另一些则坚持数学是可错的人类心智之创造,而不是一套凝固的知识。

赫曼·汉考、理查德·戴德肯和卡尔·威尔斯特拉斯都相信数学是人类的创造。戴德肯在给海因里希·韦伯的一封信中断言:"此外我还建议不要将数理解成集合本身,而应理解成一种……心智所创造的新的东西。我们是有精神的族类,拥有……创造力。"威尔斯特拉斯的话也支持这种观点:"真正的数学家是诗人。"路德维希·维特根斯坦是罗素的学生,而且本身就是个权威,他也相信数学家是发明者而不是发现者。所有这些人都将数学看成远远超出经验和理性推理的约束之外。支持他们的立场的是这样的事实:诸如无理数和负数这样的基本概念既不是从经验研究中推导出的也显然不存在于外部世界。

赞成数学是人造的这种观点,从根本上说都是康德主义的。康德(Immanuel Kant,1724—1804)认为数学的源头在于心智的组织能力。不过现代主义者认为数学并不是源于头脑的形态或生理结构,而是源于头脑的活动。心智根据逐步进化的方法来组织。心智的创造活动不断进化到更新、更高的思维形式。

在数学中,人类心智能够看清,可以自由地创造一套在其看来有趣或有用的知识。此外,创造的领域不是封闭的。适应于现存和新生思想领域的观念会被创造出来。心智有能力设计出涵盖经验数据的结构,并为整理数据提供方法。数学之源是心智本身的逐步发展。

当前关于数学本性的观点冲突,以及当今数学不是公认、无可置疑的知识这一事实,无疑支持数学是人类之创造的观点。正如爱因斯坦所说:"在真理和知识的领域,无论是谁,一旦致力于将自己作为法官,都会为诸神所笑而失败。"

数学家们已经放弃了上帝,因而必须接受人,而这正是他们所做的。他们继承了数学的发展,并继续寻求大自然的规律,知道他们所得出的不是上帝的设计而是人类所为。过去的成功使他们对于自己所做的保持信心;幸运的是,大量新的成功随他们的努力而来。保持了数学之生命的是人类自己炮制的烈药——在天体力学、声学、流体力学、光学、电磁理论和工程学中的巨大成功以及其预言不可思议的准确性。就这样,数学创造及其对于科学的应用以更快的步调前进。

詹姆斯·基因斯在其《神秘的宇宙》(*The Mysterious Universe*)中这样总结了所有这些发展:

> 我们遥远的祖先试图用他们自己创造的拟人论概念来解释自然,不过失败了。我们更近一些的祖先致力于用"存在着预先设计"这种思路来解释自然,结果证明同样不足。……然而,我们根据纯数学的概念来解释自然,迄今为止的成功是辉煌的。现在似乎无可争辩的是,从某种意义上说,大自然与纯数学概念的结盟比与生物学或工程学更紧密。

在这种新近的成果中,基因斯看到了人与物理宇宙的紧密联系,说道:"几乎无可争辩,大自然和我们的数学意识根据同样的规律来活动。"他又有些谨慎地补充道:"尽管还是非常不完美、不充足的,宇宙可以看成是由纯思想组成的,由于缺乏一个更广的词,我们不得不称其为'数学思想家'的思想。"为获得成功,物理科学不得进行数学抽象,那些为此感到遗憾的人必须重新考虑这个问题:在关于大自然之本性的最终的科学中我们寻求的到底是什么?

关于物理世界的存在和我们对于物理世界的知识,不管新的哲学学说可能说些什么,有一个事实是不可争辩的。新物理学已经远离了力学模型,甚至不再寻求物理实在的图像,已经强调甚至专注于数学描述。可以预言,这种趋势将会持续,不可能逆转。物理学的新领域离日常经验、离感性知觉是如此之远,结果只有数学能够把握它。

如基因斯所说:"制作模型或图像来解释数学公式以及公式所描述的现象,不是趋近实在,而是远离实在,这就像是制作神灵之偶像。"

正如在柏拉图的洞穴之喻中,人们只能看见人和事件的影子,生活在物理世界中的我们也只能看见许多物理现象的影子,这些影子是数学的。可能没有鬼魂、巫婆和魔鬼,但是存在着不可知觉、不可触摸的物理现象,就像人类的想象力之创造物一样不可知觉、不可触摸。

接受数学化定律为实的倾向在许多著述中都很明显。J·W·N·萨利文在其《科学的限度》(*The Limitations of Science*, 1933)中说,只有物质现象的量的侧面才与真实世界有关。具体说来,新的科学并不要求我们知道所研究的存在之本质,而只需要知道其数学结构。事实上,在其《神秘的宇宙》中,基因斯看来恰当地将宇宙称为一种伟大的思想。心智不再是一个偶然的闯入者,而是物质世界的创造者和督管。

关于量子力学,物理学家和哲学家亨利·马格瑙坚持薛定谔的波函数是真正的实在。

也许爱因斯坦在其《我的世界观》(*The World as I See It*,1934)中的说法总结了多数科学家的立场:

> 迄今为止,我们的经验使我们有理由相信大自然是最简单可构想的数学概念的实现。我相信通过纯粹的数学构造能够发现概念以及将概念互相联结的定律,而这些提供了理解自然现象的钥匙。……当然,经验还是判断数学构造之物理应用的标准。但是创造性的原则是在数学中。因此,从某种意义上说,我坚持下面的观点:纯思想能够把握实在,正如古人所梦想的。

拥有头脑和几种有限的感觉,人类开始穿透周围的神秘。利用感觉直接揭示的,或者利用能够从实验中推断出的,人类采纳了公理,并运用其推理能力。他们寻求的是秩序,他们的目标是建立与转瞬即逝的感觉相对立的知识体系,并形成解释模式,以助于他们获得对环境的控制。他们的主要成就,人类理性自身的作品,就是数学。它不是一颗完美的宝石,持续的打磨大概也不会除去所有的瑕疵。不管怎么说,数学已经是我们与感性知觉世界之间的最有效的关联,而且仍是人类心智的最珍贵的珠宝,必须加以珍惜和珍藏。数学曾经是理性的先锋,即使通过最彻底的考察发现了新的瑕疵,也将继续是先锋。

数学思想的波涛不断地拍击岩石的海岸,海岸阻止了它们顺利、安静地进入它们欲拥抱的土地。然而,数世纪的拍击甚至侵蚀掉了大块大块的花岗岩,从而开辟了包围新领域的途径。

第12章
数学为什么奏效

世界的永恒的神秘就是它的可理解性。

爱因斯坦

生活是从不充足的前提得出充足结论的艺术。

萨缪尔·巴特勒

关于数学的本质及其与物理世界的关系,各种观点冲突,因此,我们必须问问数学为什么居然奏效。我们必须面对这样的事实:在数学和物理实在之间没有普遍接受的对应。然而,对于物理上实在的东西的诸多成功预言——譬如说电磁波、相对论的预言,对于原子现象中那寥寥无几的可观测量的数学解释,甚至牛顿引力理论的预言也一度很成功,更不用提我们已概述过的几百个成功的预言——所有这些都需要解释。

因而,人类面对双重的神秘。当已经理解了物理现象并接受了相关的公理时,为什么从公理得出的几百个推论像公理一样适用? 大自然遵循人类的逻辑吗? 再者,为什么在物理现象未知的领域,数学还能奏效? 这些问题不能轻松打发掉。我们的科学和技术中有太多的依赖于数学。诚然,数学中一定有某种还不明显的力量。

在古希腊时代,只是构造了数学的一个分支,其运用非常有限,因而,按照现代的标准,他们给出的解释很简化,相当独断。同样,16、17、18 世纪的数学家,对于为什么数学奏效这个问题的回答是直截了当的。深受大自然是根据数学设计的这一希腊信念的影响,并同样受上帝根据数学设计了世界这一中世纪信条的影响,他们将数学看成通向自然界的真理之路。将上帝看成是专注、至高的数学家,就有可能将对于大自然的数学规律的探求看成是宗教追求。对于大自然的研究变成了对于上帝的语言、作为、意志的研究。世界的和谐是上帝的数学安排。上帝将严格的数学秩序给予了世界,而我们只能千辛万苦地理解。数学知识是绝对真理,像圣经的任何一行一样神圣不可侵犯。事实上,它甚至更优越,因为关于圣经的不同意见很多,而关于数学真理却不可能有任何意见不一。

这样,天主教强调宇宙是上帝理性地设计,毕达哥拉斯-柏拉图学派坚持数学是物理世界的根本实在,这两方面熔合成了一个科学研究纲领,其要义就是:科学的目的就是发现所有现象背后的数学关系,并用这些关系来解释所有现象,从而显示上帝之作品的伟大和荣耀。如赫曼·兰道在其《现代思想方式的形成》(*Making of the Modern Mind*)中所说:"科学产生于对大自然的数学解释这样的信念,而这个信念在被经验证实很久之前就被坚持了。"

在极力向现代世界强调数学作为通向实在之路的重要性的科学家中,勒内·笛卡尔影响最大。尽管其方法有不足。他是最后一个经院哲学家、第一个现代人,正是因为他明确强调了数学推理之重要。

笛卡尔着手处理这样的问题:怎样信赖人类心智所创造的

数学因而得出关于物理世界的知识。如我们以前所提到的,他的答案是信赖上帝。笛卡尔相信:关于空间、时间、数和上帝,人类有固有的观念,而且心智还将其他的直觉认作真理。这种知识是无可质疑的。譬如说,关于上帝的观念不可能来自感觉,因为永恒、全知、全能和完美并未显露在物理世界中。心智还有一个关于外部世界的观念。真的有吗?上帝不会欺骗我们。另一方面,笛卡尔认为,感官知觉即感官错觉。幸运的是,从独立于经验的心智认可的数学真理出发,人能够运用推理推导出关于物理世界的新的真理。我们怎么能够确信推理是正确的?笛卡尔又一次求助于上帝:是上帝"致使"(causes)我们的推理与现实(reality)相一致。

笛卡尔对于大自然之数学设计的信念为其同时代人及后两个世纪的继承者所支持。开普勒也坚持,世界的实在是由数学关系构成的。伽利略说,数学原理是上帝用来撰写世界这本书的字母表;若无其助,连一个字都不可能理解,人类会徒劳地在黑暗的迷宫中游荡。事实上,只有通过数学表达的物理世界的性质才是可知的。宇宙在结构和运作上都是数学化的,大自然根据不可阻挡、不可变的规律运行。在一封信中,伽利略居然这样说:"在我看来,任何对于圣经的讨论应该永远停息了。没有任何在自己的领域内研究的天文学家或科学家会涉足这类事情。"当然,伽利略相信上帝的数学设计,他上述断言的整个意思是说:在解释大自然的机制时,不应该召唤任何神秘的或超自然的力量。

牛顿也相信上帝根据数学原理设计了世界。在 1629 年 12 月 10 日写给理查德·本特雷的一封信中,牛顿说:"当我撰写关于我们的体系的专著(《自然哲学的数学原理》)时,我特别留意于令深思之士相信神的原理;发现一个原理有益于此是我最大的快乐。"

牛顿认为其科学研究的主要价值在于证实天启宗教。他是一位博学的神学家,尽管没有担任过神职。他认为科学研究艰苦而沉闷,但他还是坚持研究,因为这能证明上帝的创造。像其前任以萨克·巴柔一样,牛顿晚年也转向了宗教研究。他仍然相信经神设计的宇宙,但是他寄希望于上帝来维持世界按照计划运转。他用了这样的类比:钟表匠持续维修钟表。

尽管高特菲德·威尔海姆·莱布尼茨(Wilhelm Leibniz, 1646—1716)博学多才,并且对于数学,尤其是微积分,做出了一流的贡献,他没有将数学的统治扩展到任何科学分支中去。与笛卡尔更像,他对于大自然的数学化设计这一信条的最有影响的贡献是他的科学哲学。

在其《论神正论》(*Essais de Théodicée*)中,莱布尼茨肯定了这一为人熟知的思想:上帝是创造了这个精心设计的世界的智性。他认为世界和上帝的统一解释了真实世界和数学世界的和谐,并且他的微积分可用于实在世界的最终辩护。世界是像上帝所计算的那样创造的。解悟和理性源自上帝。因而,实在的规律不可能偏离理想的数学定律。这个宇宙是所能构想出来的最完美的宇宙,是可能的世界中最好的,理性思考揭示了它的定律。

笛卡尔、开普勒、伽利略、牛顿、莱布尼茨等现代数学奠基者的信念可以这样表示:大自然中隐藏着一种固有的和谐,反射到我们的心智中就呈简单数学定律的形式。通过观测和数学分析的结合就可以预言大自然中的事件,就是因为有这种和谐。这种预设,即使在更早的时候,其所成就的也超过了预期。

当然,大自然的数学设计必须通过人类的持续探求来揭示。上帝的作为看起来是神秘的,但可以肯定的是它们是数学化的,并且对于上帝在创造宇宙时所运用的数学模式,人类经推理终究会认识越来越多。人类严格地像上帝所计划的那样推理,这是很容易理解的,基于这样的理由:正确的推理只可能有一种。

威廉·詹姆斯在其《实用主义》(*Pragmatism*,1907)中这样描述了这个时期数学家的态度:

> 当发现了自然界的第一批数学的、逻辑的统一性即第一批定律时,人们为由此所导致的明晰、美丽和简单性陶醉,相信自己已真正辨认出了全能上帝的永恒思想。上帝的心智在三段论中发出雷鸣和回响。他还以圆锥曲线、平方、开方和比例的方式思想,和欧几里得一样研究几何学。他创造了开普勒定律让行星去遵循;他让落体速度随时间成正比增加,他创造了正弦定律让光在折射时遵循;……他想出了所有物体的原型,并设计了其变体;当我们对这些创造中的任一个进行再发现时,我们(在字面意义上)把握了上帝的心智。

随着涵盖天体运动和大地上的运动的普遍定律开始主导知识界,随着预言和观测之间的持续一直表明了定律之完美,上帝的作用越来越被忽视了,从历史的观点来看,这是很有反讽意味的。上帝消退到背景中,而宇宙的数学化规律成了注意的焦点。莱布尼茨看出了牛顿的《自然哲学的数学原理》蕴含的一些意思:世界根据计划来运转而不管是否有上帝,因此他攻击此著作为反基督的。

专注于获得纯数学的结果逐渐代替了对于上帝之设计的敬仰。尽管许多数学家继续相信上帝的存在,相信是上帝设计了宇宙,并相信数学作为一种科学的主要作用是提供破译上帝之设计的工具,在18世纪后半期上帝的存在变得越来越暗淡了。

在 18 世纪随着数学的发展,成功越来越多,数学研究的宗教灵感逐渐消退了。

在对于大自然的数学研究中,对上帝信仰的消除过程是这样的:从正统的观念逐渐过渡到理性超自然主义、自然神论、不可知论,直到彻底的无神论。这些趋向影响了有文化修养的 18 世纪的数学家。德尼·狄德罗(Denis Diderot,1713—1784)是他那个时代的思想领袖之一,他说道:"如果你想让我相信上帝,你得让我触到他。"奥古斯丁-路易·柯西(Augustin-Louis Cauchy,1789—1857)是一位虔诚的天主教徒,说人类"毫不犹豫地抛弃与天启真理矛盾的任何假说";然而,几乎不再有人相信上帝是宇宙的设计者。如著名的数学家让·勒翁德·达朗贝尔所言:"真正的世界体系已经被认识到,发展并完善了。"——他是狄德罗撰写著名的法国《百科全书》(Encyclopédie)的主要合作者。很明显,自然规律就是数学定律。

拉格朗日和拉普拉斯,尽管他们的父母都是天主教徒,都是不可知论者。事实上,拉普拉斯完全拒绝建立在上帝之存在上的任何形而上学原理。有这样一个著名的故事:当拉普拉斯献给拿破仑一本他的《天体力学》(Mácanique Céleste)时,拿破仑评论说:"拉普拉斯先生,人们告诉我你写了这本论述宇宙体系的大作,却甚至连提也没有提到宇宙的创造者。"据说拉普拉斯是这样回答的:"我不需要这个假说。"大自然代替了上帝。数学家投入了对于大自然之数学规律的探求,好像被催眠了,相信他们数学家是老天选定来发现源于上帝之设计者。

不管怎么说,到 18 世纪末,数学像一棵牢固立于实在中的大树,根已有两千年之古老,枝杈壮观,君临所有其他的知识。当然这样一棵树会永葆生命。大自然是数学化设计的这一信念仍被坚持着。揭示这一设计、理解大自然的规律是数学家的任务,数学本身是完成这一任务的工具。通过勤奋、坚持不懈和高强度的劳动会获得更多的知识。

非欧几何学的发展(见第 8 章)表明人类的数学并不是替大自然说话的,更不会导向对于上帝之存在的证明。使之变得很明显的还有,是人类建立了大自然的秩序、表面看来的简单性和数学模式。大自然本身可能就没有固有的设计。也许对于数学至多可以说它提供了有限、有效、理性的方案。

到 19 世纪人类的目标就更谦卑了。埃瓦利斯特·伽罗瓦(Evariste Galois,1811—1832)这样谈论数学:“这门科学是人类心智的作为,注定是研究而不是知晓,是寻求真理而不是得到真理。”也许真理的本性就是令人不可捉摸。或者,如罗马哲学家路修斯·塞涅卡(约公元前 4 年—公元 65 年)所言:“同样,大自然不是一下子就展露她所有的神秘。”

不管怎么说,尽管数学失去了真理堡垒中的位置,但它与物理世界很相契。重要的,无可回避的,而且仍有无可估量的重要性的是,数学是探究、发现和描述物理现象的最佳方法。正如我们已见到的,在物理学的某些分支,它是我们关于物理世界的知识之精髓。尽管数学结构本身不是物理世界的实在,但它们是我们所拥有的唯一通向实在之门的钥匙。非欧几何学的创立非但没有毁掉数学的价值及对其结果的信心,反而——非常吊诡地——增加了其实用性,因为数学家能够自由地探索全新的概念,发现其中有些可应用。事实上,自 1830 年以来,数学在组织和控制大自然中的作用以不可思议的速度扩展了。此外,自牛顿时代以来,数学家描述和预言自然过程的准确性大大地增加了。

因而,我们似乎面临着一种悖论。给予了下述成就的一门学科却宣称不再拥有真理:具有奇妙的适用性的欧氏几何学,哥白尼和开普勒的超常准确的日心说理论,伽利略、牛顿、拉格朗日和拉普拉斯辉煌、包罗万象的力学,在物理上不可解释但具有广泛的应用性的麦克斯韦电磁理论,爱因斯坦精致的相对论以及原子结构理论。所有这些高度成功的进展都依赖于数学概念和数学推理。也许这门学科中有某种魔力?尽管它在不可战胜的真理旗下战斗,事实上却通过某种内在的神秘的力量获得胜利?

这一问题被重复提出,尤其是阿尔伯特·爱因斯坦在其《相对论杂谈》(*Sidelights on Relativity*)中说:

> 这里产生了一个困惑了古今科学家的谜。数学,作为独立于经验的人类思想的产物,怎么可能与物理实在中的客体符合得那么奇妙?通过纯粹思想人类理性无需经验就能发现实在事物的性质?

尽管爱因斯坦懂得,数学公理和逻辑原理源于经验,他追问的是,由人类心智作出的从这些公理和原理中的推论,为什么依然符合经验?

对于为什么数学奏效这个问题的回答是各种各样的。其一是,为使推论适合经验,数学家改变了公理。这一思想最早由狄德罗在其《对于解释自然的深思》(*Pensées sur l'interprétation de la nature*,1753)提出。他说数学家像是赌徒,两者都用他们自己创造的规则来玩游戏。它们的研究对象只是约定之物,没有实在的根据。思想家贝尔纳·勒布维·德冯特奈勒(Bernard Le Bovier de Fontenelle,1657—1757)也是这样评价的。他攻击对于天体运动的不变规律的信念,说就玫瑰的记忆期限而言,没有园丁死过。

现代的建模论者也持这种立场。从可能的模型开始,推导出结果,然后再和经验核对。如果模型有所不足,可以改变它。然而,从任一个模型中能推导出几百个适用的定理,这仍然提出了一个不易回答的问题。

还有一种不同的解释,这种解释源于康德,不过有所修正。康德坚持,我们不是在认识自然,也不能认识自然。他认为,我们有感官知觉,而我们的心智先天拥有关于空间和时间的固有结构(康德用的术语是直观);心智根据这些固有结构的规定来组织这些知觉。譬如说,我们根据欧几里得几何学的规律来组织空间知觉是因为我们的心智就是这样规定的。空间知觉经这样组织,它们当然遵循欧几里得几何学的规律(当然,康德坚持欧几里得几何学是错误的)。换句话说,我们只能见到我们的数学化的"光学装置"允许我们看的。康德写道:"知性不是在从大自然中得出规律而是给大自然规定规律。"

物理学家阿诺德·索末菲(Arnold Sommerfeld,1868—1951)同样认为,给大自然立法的想法中有一种不可容忍的骄傲自大。不过,阿瑟·斯丹利·爱丁顿(Arthur Stanley Eddington,1882—1944)爵士支持康德的观点:

　　(我们)已经发现,在科学的前沿,心智只是从大自然中重获了它放进去了的东西。

　　我们发现,在未知之海岸上有一个奇怪的脚印。我们设计了一个接一个深奥的理论来解释其起源。最终,我们重建了那个留下了脚印的生物。瞧,这个脚印是我们自己的。

爱丁顿相信,人类经验的宇宙本质上是人类心智的创造;只要我们能够理解心智如何运作,就能够通过纯粹理论的方法来推导出全部的物理学——大概还有所有的科学,除了某些量纲常数,这些是偶然的,取决于我们碰巧处在宇宙的哪个位置上。

茹莱·亨利·彭加勒(Jules Henri Poincaré, 1854—1912)提出了另一种大体上是康德式的解释,现在叫做约定论。他在《科学与假说》(*Science and Hypothesis*)中说道:

> 我们能够坚持说,在欧几里得空间中可能的某些现象在非欧空间中就不可能吗? 以至于支持这些现象的实验与非欧几何学的假说直接矛盾吗? 我认为不能认真地提这样的问题。在几何学的产生中实验起了相当大的作用;但是从这得出结论,即使说几何学部分是实验科学,也是错误的。如果几何学是实验科学,它将是近似的、临时的。那将是一种多么粗糙的近似! 几何学将只是研究坚实物体的运动。而实际上,它不关注自然实体;它的对象是理想的物体,绝对不可变,只是自然物体的极大的简化,是其极其不同的图像。这些理想物体的概念全部是心智构造的,而实验只是我们得到这些概念的机遇。

> 在这种并非由实验强加给我们的选择中,实验引导着我们。实验告诉我们的不是最真的几何学,而是最方便的几何学。谁能提出根据欧几里得系统能够解释而根据罗巴切夫斯基系统不能解释的一个具体的实验? 既然我知道不会有人迎接这一挑战,我就可以得出结论说没有与欧几里得假设矛盾的实验;从另一方面说,也没有与罗巴切夫斯基假设矛盾的实验。

彭加勒相信,对于每一部分经验,都有无数的理论能够解释和描述。理论的选择是任意的,不过简单性是很好的指南。我们发明和利用那些看来有效的概念;如果费上足够的精力来研究,其他的理论也会奏效。尽管彭加勒在解释怎样使数学奏效时更明确,他与康德的解释是有些一致的,因为他相信数学和大自然之间的和谐是由人类心智造就的。在《科学的价值》(*The Value of Science*)中他肯定地说：

> 人的心智在大自然中所发现的和谐独立于这心智而存在吗？当然不。不可能有实在独立于构想它、看它、感觉它的精神。一个外在的世界，即使存在，我们也永远不会知道。严格地说，所谓的"客观实在"就是对于几个思想着的存在者共同的东西，也可能对于所有人都是共同的；而我们将见到，这共同的部分，只能是由数学化定律表达的和谐性。

哲学家威廉·詹姆斯在其《实用主义》一书中表达了同样的思想："数学和物理科学的所有辉煌成就都起源于我们的不屈不挠的欲望：在我们的心智中给世界加上一种比我们的粗糙的经验秩序更有理性的形式。"

在《科学面面观》(*Aspects of Science*)(第二系列)中，J·W·N·萨利文更强烈地表达了这一思想："我们是宇宙的立法者；甚至有这样一种可能性：除了我们所创造的，我们不能经验到任何东西，我们最伟大的数学创造就是这个物质宇宙本身。"

这些人宣称科学真理是造出来的，而不是发现的。即使由它们出的推论可由实验证实，科学上的真理只是自然真理的兆象。

爱因斯坦1938年说的话大体上支持康德的观点：

> 物理学概念是人类心智的自由创造，不单是由外部世界决定的，尽管看起来似乎是这样。在我们理解实在的努力中，我们有点像一个试图理解一块密封的手表之机制的人。他看见了表面和移动的指针，甚至听见了滴答声，但是

他没有办法打开盖子。如果他很灵巧,对于这些现象的机制,他可以形成图像;但他永远也不能确定他的图像是对于其观察的唯一解释。他永远也不能将其图像与真实的机制比较,他甚至不能想象这样一种比较可能有什么意义。

爱因斯坦确实相信人类的数学至少部分上由实在主导。在《相对论的意义》(*The Meaning of Relativity*, 1945)中他说道:

> 观念的世界看来不能用逻辑的方法从经验中推导出来,而从某种意义上说是人类心智的创造,没有这种创造就没有科学。尽管如此,这个观念的世界很少独立于我们的经验的本性,正如衣服很少独立于我们身体的形状一样。

对于数学为什么奏效,还有一种解释是返回到 17、18 世纪的信念:世界是数学化设计的,不过那些过去几个世纪与宗教有关的信念被抛弃了。这就是我们的时代最伟大的物理学家之一詹姆斯·基因斯在其《神秘的宇宙》(*The Mysterious Universe*)中表达的立场:

> 基本的事实就是这样:科学现在给大自然所描绘的图像(看来只有这些图像能够与观察到的事实一致)是数学化的图像……大自然似乎精通纯数学的规则……不管怎么说这一点几乎是无可争辩的:大自然和我们的有意识的数学心智按照同样的规律运作。

像基因斯一样,伟大的科学史家、科学哲学家皮埃尔·杜昂,在其《物理理论的目的和结构》(*The Aim and Structure of Physical Theory*)中,从怀疑走向了绝对的肯定。开始时他将物理学理论称为"一种抽象体系,其目的是从逻辑上总结和归纳

一组实验定律,而没有解释这些定律"。理论是近似的、临时的,
"没有任何客观的指称"。科学只熟悉感官表象,"认为理论化揭
去了感官表象上的面纱,这只是幻觉,应该予以抛弃。"此外,当
一个天才的科学家将数学秩序和明晰赋予混乱的表象时,他需
要付出代价:用丝毫没有解释自然本性的符号化抽象代替了相
对来说可理解的概念。尽管如此,杜昂在结尾宣称"要我们相信
这种由理论造成的秩序和组织不是真实的秩序和组织的影像,
这是不可能的。"

19 世纪敏锐的数学分析家查尔斯·赫米特(Charles Her-
mite,1822—1901),相信有一个数学所描述的客观实在的世
界。他在给数学家斯蒂尔泰的一封信中说道:

> 我相信数和分析函数并不是我们的精神的产物;我相
> 信它们存在于我们之外,就像客观实在中的物体一样具有
> 必然性;我们发现它们,研究它们,就像物理学家、化学家和
> 动物学家所做的一样。

还有一次他说道:"在数学中我们是仆人而不是主人。"

赫曼·威尔在其《数学哲学与科学哲学》(*Philosophy of
Mathematics and Nature Science*,1949)中说:

> 大自然有一种固有的隐藏的和谐,以简单数学定律的
> 形象反射到我们的心智中。这就是为什么大自然中的事件
> 可由观察和数学分析的结合来预言。在物理学史上,对于
> 大自然中的和谐之信念,或者说之梦,一次又一次得到了验
> 证,超出了我们的期望。

不过,也许是这种愿望产生了这种思想,在其著作中他又说
道:"如果对于真理和实在没有起支撑作用的先验的信念,没有
事实、结构与观念影响之间的持续的互动,科学将会死亡。"

更令人意外的是,威尔还同意这样的观点:数学之合理性可由对物理世界的适用来判断。威尔对于数学物理学贡献很大,他不愿意牺牲有用的结果。在《数学哲学与科学哲学》中他承认:

> 在爱因斯坦的广义相对论和海森堡–薛定谔的量子力学中,启发性论证以及由此带来的系统化构建是多么令人信服,多么契合事实。一门真正现实的数学应该这样来构想:与物理学一致,是对同一个实在世界的理论构建的一个分支,对于其基础的假设性外延应该采取审慎的态度,就像物理学所表现出的那样。

毫无疑问,威尔是在提倡将数学看作一门科学。其定理,像物理学定律一样,可能是尝试性的、不确定的。有可能得重新构造它们,不过与实在的对应性是合理性的可靠检验。

另一派可称作经验论的思想主张数学知识产生近似准确的定律来描述我们关于自然的知识。这种认为数学有经验基础并由经验检验的主张,是由约翰·斯图阿特·穆勒(John Stuart Mill, 1806—1873)提倡的。他承认数学比物理科学更有普遍性。但是,证明数学正确的理由是,其命题比物理科学命题在更高程度上能得到检验和确证。因而人们错误地认为,数学定理与其他科学分支已确证的假说和理论有质的不同。定理被认为是确定的,而物理学理论被认为是可能的,或者说只是由实验支持了。穆勒基于其哲学根据作出这样的断言。现今的数学基础研究者更应该变得实用主义化。

安德则·茅斯托夫斯基在数学基础研究中非常突出、活跃,他同意这种观点。1953 年在波兰举办的一次会议上,他说:

> 唯一自洽的观点(这种观点不仅与健全的人类理智一

致而且与数学传统一致),就是这样的假设:数的来源和最终根据——不仅是自然数而且还有实数——在于经验和实际运用。就数学的古典领域还需要集合理论而言,集合理论的概念也是这样。

茅斯托夫斯基还进一步说,数学是一门自然科学。数学概念和方法起源于经验。不考虑其自然科学中的起源、其应用甚至其历史,任何给数学奠定基础的努力都注定要失败。

当今很活跃的逻辑学家威拉德·范·奥曼·奎因,也勉强地接受了数学之物理上的合理性。在论文集《现代逻辑学的哲学支撑》(*The Philosophical Bearing of Modern Logic*)中有一篇1958年写的文章,其中说道:

> 我们可以更合理地,以看待自然科学理论部分的方式,来看待集合论,更一般地说,看待数学;它们构成了真理或者假说。与其说由纯粹理性之光来证实,还不如说,它们为组织自然科学中的经验数据,做出了非直接的系统化的贡献。

尽管伯特兰·罗素在1901年宣称数学真理(逻辑上和物理上)的大厦不可动摇,在1914年的一篇文章中也承认"我们关于物理几何学的知识是综合的,但不是先天的。"仅仅从逻辑中是推导不出来的。在其《数学原理》(*Principia*)1926年的第二版中,他更加承认了。逻辑学和数学,像麦克斯韦电磁理论的方程组一样,为人们所相信,是因为它们的逻辑推论是观察到的真理。

这些思想领袖承认,数学是一种人类活动,易受人类的弱点的影响。任何形式的、逻辑的陈述都是假数学,一种虚构甚至是传说,尽管其中有理性因素。

　　物理学家也相信数学不过是对于经验的抽象的、近似的表述。诺贝尔物理奖获得者 P·W·布里奇曼在其《物理理论的本性》(*The Nature of Physical Theory*，1936)中说道：“这样看来数学最终是经验科学，正像物理学或化学一样。”布里奇曼毫不怀疑，理论科学是数学虚拟之游戏。

　　在这个问题上最深刻的哲学家之一，路德维希·维特根斯坦宣称数学不仅是一种人类创造，而且还深受其所生长的文化环境影响。其“真理性”取决于人，正如对于颜色的知觉和英语这门语言取决于人一样。

　　这样物理学家(和一些哲学家)相信数学根植于物理实在，他们召唤数学只是作为辅助。在普朗克、马赫、波尔兹曼和亥姆霍兹看来，数学不过是为物理学定律提供了一种逻辑结构。

　　吉尔伯特·路易斯在其《科学之解剖》(*The Anatomy of Science*，1926)中对于数学面对着物理实在所获得的成功作了一种相当现实的描述：

　　　　科学家是很实际的人，其目标是实际的。他不追求最终的而是追求近似的。他不谈论最终的分析而是最近的近似。他的理论结构不是那种精致设计的美丽结构，在那种结构中，一点瑕疵就能导致整体的崩溃。科学家缓慢地建造，用的是一种粗糙而牢靠的泥瓦匠手艺。如果对其作品中的任何一处不满意，即使这靠近地基，他也能替换这一部分而不对其他部分造成损坏。总的来说，他对自己的工作还是满意的。因为尽管科学可能永远都不会全部正确，当然它也不会全部错误。看起来它是在一个世纪接一个世纪改进自己。

　　有一种最终的真理这一学说，尽管非常广泛地为人类所坚持,对于科学似乎不是很有用,只是在这种意义上有用:这是我们趋向的地平线,而不是一个我们可以达到的点。

物理学家的立场提醒我们,实际的数学中有多少是从与我们周围的物理世界的交互中发展出来的。如威廉·巴莱特在其《技巧的幻觉》(*The Illusion of Technique*, 1978)中所指出的,整个数学史证明了数学心智与大自然的联系。譬如说,几何学和微积分,是从我们处理物体和物理世界的现象中发展出来的。一些现代数学家倾向于割断与大自然之间的纽带。他们将数学本身想象成一种到真空中的自由短途旅行。现代哲学家鼓动了这种倾向。应该承认,如果没有数学之助,我们完全不可能建造飞机和发射火箭。错误的是拿起某一个孤立的命题,问问它与世界中的哪一个事实符合;当然,答案是否定的。我们并不将一个命题从数学语境中孤立出来,而且还将语境看作是我们的语言整体的一部分。数学告诉我们许多关于世界的事物。

巴莱特还说道,正是在这里我们可能发现约定论问题的答案。我们所采纳的约定必须奏效;也就是说,它必须帮助我们应对大自然。譬如说,我们可能决定改变数学约定,完全放弃无理数这一概念。正是这种应对大自然的需要,是各种各样的约定的最终衡量——不管这种约定是数学的还是别的。

关于心智,我们需要有这样的概念:它自身是大自然的产物,并且在其最基本的运作方式上与大自然关联。数学客体并不是存在于一个无时间的柏拉图式的世界中;它们是人类的构造,但它们是这样一种构造,其运用、其存在与包含它们的自然界关联。所有的人类思想都是在这个大自然的背景上发生的。亚历山大·蒲普简洁地表达了这种观点:

首先,跟从大自然,根据她的标准
来构造判断,此标准恒同一。

万无一失的大自然，总是发出神圣的光亮

是清楚、不变、普遍的光，是太一

赋予一切生命、力量和美丽，

是源泉、是归宿又是技艺之衡。

……

古老的规则是发现而非设计的，

这些还是大自然，是系统化的大自然；

……

我们服从的是自然的声音，是大自然本身。

许多数学家乐于承认数学显著的可应用性，但也坦白他们对此不能解释。以尼古拉·布尔巴基的假名著述的杰出的数学家团体，认为实验现象和数学结构之间有密切的关联。但我们对于作为其基础的理由一无所知，也许我们永远也不会知道。早先数学是从先验真理中得出的，尤其是从直接的空间直觉中。然而，量子力学的创立，表明这种宏观上的直觉掩盖了具有完全不同本质的微观现象，从而将这种现象，与肯定不是为了实验科学的目的构想出来的数学领域联系起来。因而两门学科的接合（connecting）不过是偶然的，其真实的联系比能够先天假定的联系隐藏得更深。我们可以将数学看成数学结构的仓库，物理的或者经验的实在的某些侧面适合这些结构，似乎是一种预先的适应。

在一封写给雷欧·库尼西柏格（Leo Koenigsberger，1837—1921）的信中，查尔斯·赫米特也表示对于数学和实在的联系不能解释：

这些数学分析的概念独立于我们的存在——它们构成了一个整体，其中只有一部分对我们显示，无可争辩地，尽管是神秘地,与事物的其他整体关联,这个整体我们是通过感官知觉的。

其他的思想家也不得不承认,数学的奇妙力量还不能解释。哲学家查尔斯·桑德斯·皮尔士(Charles Sanders Peirce,1839—1914)评论道:"很可能这里有某种秘密有待于发现。"后来,厄尔温·薛定谔在其《生命是什么》(What Is Life?)中说人类发现自然规律这本身就是个奇迹,很可能超出了人类的理解能力。另一位杰出的物理学家弗里曼·代森也同意这种观点:"大概我们近期还不能理解物质世界和数学世界的关系。"还有爱因斯坦的评论:"这个世界最不可理解之处就是其可理解性。"不过詹姆斯·基因斯爵士坚持物理概念和物理机制是猜想出来用来构造数学描述的,然而他又吊诡地说物理手段不过是幻想出来的东西;在基因斯看来,只有数学方程是对于现象的唯一可靠的把握。在物理学中,最终的收获将永远是一套数学公式;物质实体的真实本质是永远不可知的。

总而言之,在现代科学中数学的作用远远不止是有用的工具。经常有人这样看数学的作用:用符号和公式来总结物理上观测到的或者通过实验确立的,并加以系统化,然后从这些公式中推导出另外的信息,这些信息既不能通过观察也不能通过实验来获得,也不容易获得。然而,对于数学作用的这种描述与其所取得的成就相比,远远不够。数学是科学理论的本质,19、20世纪基于纯粹数学构造的应用,比起数学在物理现象中启发的概念,更为有力、更神奇,例如,现代科学为人熟知的成就,无线电、电视、飞机、电话、电报、高保真唱片和录音设备、X 射线、晶体管、原子能(和原子弹)。尽管功劳不能只归到数学,数学的作用比起实验科学的贡献更为根本,不可或缺。

这些对于数学为什么奏效的解释,不管是否可接受,却有充分理由将新物理学称为数学化的而不是力学化的。虽然麦克斯韦在发展其电磁理论时试图构造一种力学的以太模型,最后完成了的结构却本质上是数学的;方程组所关联的物理实在是"电磁场"这样一种模糊的、非物质性的概念。即使牛顿构建其力学定律也是作为一种纯粹的数学结构。

很可能正如爱丁顿所言,数学关系和数学结构就是物理科学所能给予我们的一切。还有基因斯说对于宇宙的数学描述就是最终的实在。用来帮助我们理解的图像和模型(今天这是一个很时尚的词)是对于实在的脱离。跨到数学公式之外去时,是在冒险。

既然数学是一种人类的创造,既然我们是通过数学发现了全新的物理现象,那么是人类创造了宇宙的一部分,引力、电磁波、能量子等。当然,知觉和实验给数学家提供了线索,存在一个物理事实的基底,但是即使有了某种物理实在,全部的组织、完成、校正和理解都是通过数学来做的,其中所包含的人类的心智,至少和外部世界中的东西一样多。甚至在知觉中,也有人类心智的介入。知觉到一棵树而没有认识到树的性质,就没有意义。此外,一组知觉本身是没有意义的。人类及其心智是实在的组成部分。科学不再能使作为对象的大自然和作为描述者的人类对立。这两者是不可分的。

数学知识和经验知识之间的分界线不是绝对的。我们不断地调整我们的观测,同时也调整我们的理论以处理新的观测和实验结果。这样做的目的是全面、连贯地描述物理世界。数学是人和大自然、人的内部和外部世界的中介。

我们最终得出了这个不容否认、不容反驳的结论:数学和物理实在是不可分的。因为数学告诉我们物理世界所包含的东西,而且只能用数学语言和概念来表达那种知识,所以数学和桌椅一样实在。我们关于实在的知识是有边界的,不过这些边界在逐渐后退。

很可能是这样:人类引入了一些有限的甚至是造出来的概念,只有这样才成功地在大自然中建立某种秩序。数学可能不过是一种可行的图式。可能大自然本身远为复杂,没有固有的设计。然而,在研究、描述和征服大自然中,数学仍是最佳方法。在某些领域,它是我们唯一的方法;即便它不是实在,也是最接近实在的。

虽然数学纯粹是人类的创造,它能使我们通达大自然的某些领域,从而使我们的进展远远超出了所有的期望。的确,离实在如此之遥远的抽象能取得那么大的成就,这是有些吊诡的。尽管数学描述是人造的,也许是一个神话故事,但它却是一种有教益的神话。对于好思的科学家来说,大自然与他们的数学公式表现出那么大的关联,这是永恒的惊奇之源。不管科学定律表达的统一性是从大自然中发现出来的,还是这些定律是发明出来的并由科学家的心智应用于大自然,有谦卑精神的科学家应该希望通过不懈的努力,可以更深地理解大自然的奇迹。

第 13 章
数学和大自然的运作

迄今为止,我们的经验使我们有充分理由相信,大自然是可构想出来的最简单的数学概念的实现。

阿尔伯特·爱因斯坦

从古希腊时代以来,科学决定了我们对于大自然的态度。重要的科学理论成百次、成千次地在预言中确证以后,更是如此。重要的哲学思想建立在物理科学以及其似乎不可反驳的发现上。

最近的发展,尤其是电磁理论、相对论和量子理论,迫使我们重新思考哲学信条。这一章将概述塑造我们的自然观的哲学思想,并将新旧思想加以对比。一个时代的心态和社会思想、社会活动源自占主导地位的世界观。现在占主导地位的是我们的物理世界观。

一个主要的信条叫做机械论,有时也称作唯物主义;它不但自身重要,而且还对其他的重要信条起支撑作用。粗略地说,机械论坚持,物理世界是一架巨大的机器,其各部分之间相互作用。这架机器一点毛病也没有,运作起来从不会出错。看看行星的运动、潮汐以及蚀的可预言性。机器的零件是运动的物质，这是由力的作用引起的。我们来更仔细地考察这些概念。

对于机械论来说，最基本的是物质。相信物质是物理实在的本质可以追溯到古希腊时代。重要的希腊哲学家观察他们周围，以他们有限的资源来尽力研究自然。然而，他们倾向于根据几项观察很快就坚持无所不包的形而上学概括。譬如说，留基波和德谟克利特认为宇宙是由真空中不可毁坏不可分的原子组成。亚里士多德从"四元素"来构造物质，这些元素不是实际的土、水、空气和火，而是作为基质的存在体，其性质在上述四种东西中可以感觉出来。

托马斯·霍布斯（Thomas Hobbes，1588—1679）所宣称的是这一信条的粗糙形式：

> 宇宙即所有存在着的事物的总体是形体的，也就是说，有体积，有维度，有长度、宽度和深度。而且，形体的每一部分也是形体，也有体积，因而宇宙的每一部分也是形体。不是形体就不是宇宙的组成部分。因为宇宙是大全，不是其组成部分的就什么也不是，因而也无处存在。

他还说，形体就是占据空间的东西，是可分的、可运动的，按照数学方式运作。

由此看来，机械论是这样一种学说，它坚持实在只是一架复杂的机器，驱动着空间和时间中的物体。既然我们自身是物理自然的组成部分，一切人性都应该根据物质、运动和数学来解释。

如我们前面已提到的，笛卡尔也坚持根据物质和运动就能解释一切物理现象。此外，物质以直接接触的方式相互作用。物质由不可分的小微粒组成，其大小、形状和性质各不相同。因

为这种微粒太小看不见,关于这些微粒的运作就有必要建立假
说,以解释我们能观察到的更大的现象,例如行星绕太阳的运
动。笛卡尔不承认虚无的空间。他相信,其内全无一物的花瓶
会塌陷。

笛卡尔的科学,为牛顿前的多数科学家所接受,尤其是惠更
斯。这种学说对于科学提出了一种本质上相同的功能,即对于
自然现象的活动提供"物理"解释。

物质是物理实在的本质这一信念,为大约 1900 年以前的所
有科学家和哲学家所坚持。牛顿在其《光学》(*Opticks*)中说道:

> 在我看来很可能是这样,太初上帝塑造物质时把它们
> 塑造成了固实、厚重、坚硬,不可穿透、可移动的微粒,如此
> 坚硬以致永远不会磨损、破碎,上帝在最初的创造中造成的
> 一体,没有普通的力量能够分开。

对于落体和行星运动的数学化描述,运动着的物质是关键,
因而科学家试图将这样一种唯物论的解释推广到他们一无所知
的现象上去。热、光、电和磁被看成是种种不可衡量的物质,不
可衡量的意思只是说这种种物质的密度是如此之小以致不能测
量。例如,热中的物质叫做热质。加热的物体吸收了这种物质,
正如海绵吸收水一样。同样,电是一种液态或者两种液态的物
质,这些流经导线的液体就是电流。

力的作用使物质开始运动,或者通常使物质保持运动。一
个台球撞击另一个台球,通过冲力传递运动。牛顿引入了引力。
为解释电现象和磁现象,法拉第引入了电力线和磁力线,他相信
这些线是实在的。

在物质、力和运动这三个概念中,力作用于物质,运动是物
质的行为,因而物质是根本性的。因此,哲学家宣称,根据固定

的数学定律来运作的物质是唯一的实在。

到18世纪末,发展得最完善的物理科学分支是力学。在著名的法国《百科全书》中,达朗贝尔和狄德罗过于自信地宣称,力学是普遍科学。如狄德罗所说:"世界的真实体系被认识到了,发展并完善了。"力学的确成了快速生长的物理科学新分支的范型。

尽管莱布尼茨为机械论辩护,称其为自明真理,但他并不仅仅满足于机械论。对他来说,上帝、能力和目的同样重要。在其《单子论》(Monadology)中,他坚持宇宙是由微小的单子组成,每个单子都是一个能力中心,不可分。每一个都包含着其过去与未来。单子根据先定的和谐来运作,组成更大的有机体。它们是事物的内在活力。而机械论,处理的只是外部的、空间的以及其他的物理特征,譬如说力。

物理学大师、医生、数学家赫曼·冯·亥姆霍兹在一次演讲中宣称,所有自然科学的最终目的归化为力学,这篇演讲后来发表在《通俗科学讲座》(Popular Lectures on Science,1869)中。亥姆霍兹承认,并不是所有的力学原理已经被理解了,他让人特别注意力的本性问题:

> 我们最终发现,关于物质的物理科学问题,是根据物体之间的不变的相互吸引力或者排斥力来解释自然现象,力的强度完全取决于它们之间的距离。这个问题的可解决性是大自然的可理解性之条件。……一旦将自然现象还原为简单的力完成的,一旦能够证明这是对于自然现象的唯一的还原,科学的天职就结束了。

亥姆霍兹这是在表达一种虔诚的希望,因为在他写下这些话的时候,已经有证据表明,不可能根据质量对于简单明显的力的反应来解释所有的现象。

尽管在 19 世纪时还不明显，今天我们必须直面机械论的失败。科学家在表述他们的发现的时候是有些清醒的，不过当他们明显错了的时候他们是最清醒的。直到 19 世纪末，他们都确信所有的自然现象都能根据力学来解释。那些还没得到解释的不久也将会得到解释。有待于解释的尤其是引力的作用和电磁波的传播。

至于引力，科学家当然知道牛顿已为解释重力的作用付出了巨大的努力。太阳的引力如何作用于几百万、几亿英里之遥的行星？牛顿的努力失败了。他以著名的"我不构造假说"结束了其努力。机械论没有帮到他。

那么，为什么 18、19 世纪的科学家抓住机械论不放？对此，一种解释是：希望总是在永恒地复现。更中肯的解释是，他们被追随牛顿而得来的成功冲昏了头脑，而看不见还需要解释引力的物理本性这个难题。他们诉诸于引力的数学定律，在推导出天体运动的一些已知的不规则性中，在包容新现象中，他们（尤其是拉格朗日和拉普拉斯）的成功是如此巨大，如此准确，解释引力作用的物理本性这个难题就被埋藏在一堆数学文章之下了。我们现在知道力是一种科学虚构，在某种程度上是由人有施加力的能力提示的。

贝克莱主教，根据自己的哲学，抨击物理引力的概念。在其对话录《埃尔西弗朗》(*Alciphron*，1732 年)中，他写道：

> 尤佛拉那：我请求你，埃尔西佛朗，不要为言词所迷惑：把力这个词搁置一边，从思想中排出每一种其他的东西，然后看看对于力你有什么精确的概念。
>
> 埃尔西佛朗：力是那种在物体中产生运动以及其他可感效应的东西。

尤佛拉那：那么它是与那些效应不同的东西？

埃尔西佛朗：是的。

尤佛拉那：现在请欣然排除力的施加者及其效应，以其自己精确的概念来思考力本身。

埃尔西佛朗：坦白地说，我发现这无法轻易想得出。

尤佛拉那回答说，看来是这样，既然你认为人的心智和能力是同样的，对于那种无论你我都不能形成观念的东西，我们可以认为其他人也不能形成概念。

总而言之，虽然完全缺乏物理理解，但数学描述不仅使牛顿的惊人成就成为可能，而且使几百个后来的成功成为可能。这些人所做的就是牺牲物理上的理解，以换取数学化的描述和数学化的预言。用英国作家 G·K·切斯特顿（G. K. Chesterton，1874—1936）的话来说："我们看见了真理，然而真理没有任何（物理）意义。"就机械论来说，电磁理论的历史和引力理论的历史大致相同。如我们已提到过的，法拉第引入了力线来解释各种电荷的作用、磁现象以及电荷间的相互作用。至少可以想象总有一天会证明这些力线（lines of force）的物理存在。然而，当麦克斯韦将电磁现象的作用推广到包含传播几百、几千英里的波时，法拉第的力线最终证明，即使作为潜在的物理解释也是完全不够的。麦克斯韦接受了已被提出作为负载光的介质的以太概念，作为传播所有的电磁波（包括光）的介质。麦克斯韦做了巨大的努力来对电磁波的传播进行力学描述，但这和牛顿解释引力的努力一样，以失败而告终。数学方程执掌了大权。

根据最近的发展，机械论和唯物主义是站不住脚的。作为一种实体的以太被抛弃了，只有数学定律"代替"它。引力由相对论中时空中的短程线来代替。我们承认了电磁波的传播，尽管不知道其物理本性。我们还需要接受违背常识的波粒二象性,似乎本来是粒子的电子从原子中射出后,通过魔法变成了波。相对论尤其是量子力学要求我们对于经典力学作深刻的修正。如果我们看看自古希腊时代以来到牛顿、拉格朗日和拉普拉斯的经典力学的兴起这段历史,上述需要做的变动就不那么令人不安了。亚里士多德的力学、经院哲学的力学以及托勒密天文学的修正是同样彻底的革命。

新的科学发展对于机械论自然观的侵蚀,在开尔文勋爵(1824—1907)伤感的评论中表现得很明显(他是 19 世纪后半期英国科学界的领袖人物):

> 对于我在研究的对象,只有建立起了力学模型我才能满意。如果我成功地做出了模型,我就理解了;否则我就没有理解。我希望,能够在没有引入那些我理解得更少的东西的情况下,尽可能充分地理解光。

然而,开尔文不得不满足于比他所想拥有的更少的"光"(light)。

在整个历史上,为解释大自然的运作,另一个信条就是因果性。我们试图发现原因,因为这种知识能使我们获得所希望的结果。因果性是一个比机械论稍模糊的概念。它强调原因和结果,不过它并不坚持机械解释。好多世纪以来,大约直到 1900年,因果性为机械论信念所支持。许多结果发生了是因为,在原因和结果之间有物理机制运作来产生那种结果。起先,因果性隐含着原因和结果之间的接触,即空间上的接触。不过,这不久就扩展到超距作用,如引力。

像多数信条一样,因果性起源于希腊思想。如我们已讨论过的,亚里士多德区分了在宇宙中起作用的四种原因:形式因是计划或者说设计,目的因是目的,质料因是存在于物质中的原因,致动因产生改变或者使发生。阿基米德(公元前 287—前 212)既是一位伟大的数学家又是一位能将其知识用于实践的科学家,他强调一种与亚里士多德的致动因类似的因果性原理,最后得到的结果是,无论何地,无论何时,物质的行为都是有序的、可预测的。

在现代科学中,对于原因的探求起始于伽利略。他确实谈到过引力是大地附近的运动的原因,不过他被迫忽略因果性,不得不满足于对于运动的数学描述。

牛顿及其同时代人发展了这样一种概念:因果性是物理世界的本质中固有的,这种概念在随后的两个世纪中大体上没变。正是在其对于原因的寻求中,牛顿引入了万有引力作为行星椭圆运用的原因,而没有这个原因行星会沿着直线运动。莱布尼茨也确实说过,没有原因什么也不会发生;不过,在他那个时代,原因只是一个信念。

对于因果性的不同的理解是由康德提出的。在一个笛卡尔的宇宙学还很流行的时代,他深受牛顿科学之影响,拥护牛顿的天文学力学理论体系,甚至在其论著《天体理论》(*A Theory of the Heavens*,1755)中大大地补充了这个体系。在其哲学巨著《纯粹理性批判》(*A Critique of Pure Reason*,1781)中,他断言因果性是一切理性思维的逻辑上必然的先决条件。因而,它不需要事实证据的支持。在《纯粹理性批判》的第二版(1787)中,他这样定义因果性:"所有的变化都根据因果联系的规律发生。"

所有这些因果性概念都以各种方式包含了这样一种联系的概念:原因通过这联系引起结果。苏格兰哲学家大卫·休谟(David Hume,1711—1776)试图从因果性中清除任何形而上学基础。实际上他质疑因果性。在关于认识论的重要专著《人类理智研究》(*Enquiry Concerning the Human Understand-*

ing，1793)中,他写道:

> 一切科学唯一直接的用途就是教导我们如何根据原因来控制和调节未来事件。相似的事件总是与相似的原因联结,这是我们所经历的;因此,我们可以定义原因为由另一个对象所跟随的对象,并且所有与前一个对象相似的,都由与后一个相似的跟随。

在这种表述中,"对象"换成"事件"更好。休谟的意思是说,一种情况 C 和随后的情况 E 是因果联系,当 C(或与其相似的情况)的发生总是由 E(或与其相似的情况)跟随,并且若 C 不在先发生的话,E 永远不会发生。休谟在其定义中包含了"相似"一词是因为他要使因果性在实验上可以验证;并且正确地认识到,如果定义得太精确的话,某一给定事件不可能再发生。

定义完了因果性,他就着手来抨击它。他相信,只是因为我们意识到某一特定的因果系列,即使已经有很多次,也不能证明在未来的情形中,原因将有结果跟随。他得出结论说,我们对于因果性的信念不过是一种习惯。他正确地断言这一习惯不是信念的充足根据。

最受推崇的 19 世纪英国哲学家约翰·斯图亚特·穆勒加强了休谟对于因果性的否认,并加上了一些他自己的思想。在其《逻辑体系》(*System of Logic*，1843)中,穆勒这样表述了其因果性概念:"承认因果律是科学的主要支柱,而因果律不过是这样一种为人熟知的真理:经观察发现,在大自然中的每一个事实与先于它的另一个事实之间存在着不变的相继性。"这样,像休谟一样,穆勒把不变的相继性作为因果性的本质,而且他还像休谟一样,给予了因果性一个经验基础。他从因果性中剥去了逻辑必然性,去除了"迫使"概念。他分析道,在这些情形下可以设定两个事件之间存在着因果联系:原因的发生在空间上接近这个事件;原因由这个事件立即跟随;原因总是由这个事件跟随。他没有明确反驳休谟的观念:因果性是一种思维习惯。不过他认为因果性是一种经验概括。归纳是一些概括的基础,尤其是自然规律的基础。他确实讨论过推断出因果联系的方法,例如差异法:

> 如果在一种情况下被研究的现象发生了,在另一种情况下没有发生。两种情况的条件除了一种外其他完全相同,而这一条件在前一种情况下是有的。那么在两种情况下不同的条件就是……那种发生了的现象的原因,或者是原因中不可缺少的部分。

这一清楚表述的原理至今仍在许多科学领域中应用。例如,在动物身上试验一种新药物的效果时,总是包括两组,在选择这两组动物时,其大小、年龄、栖息地和喂养诸方面要几乎相同,只有一处差异,那就是一组接受药物,而另一组,即对照组则不接受药物。根据差异法,任何在前一组观察到而在后一组没有观察到的效果,可以合理地认为是由药物引起的。

给予因果性更具毁灭性打击的是由伯特兰·罗素,他是英国数学家、哲学家,并且是 1950 年诺贝尔文学奖获得者。在一篇文章《论原因概念》(On the Notion of Cause)中,他说道:

> 所有的哲学家,不管属哪个流派,都以为因果性是科学的基础性公理。然而,奇怪的是,在高深的科学中,譬如说在引力天文学中,"原因"一词从来没有出现过……在我看来,因果律,像在哲学家中传来传去的许多东西一样,是一种已逝时代的遗物,它能像君主制一样幸存下来,只是因为人们错误地假设其无害。

罗素说因果性对于科学来说是"已逝时代的遗物",是走极端了。

最近,相对性理论倾覆了因果联系。人们通常以为在这种联系中,原因必须先于结果。然而根据相对论,两个事件的顺序不是绝对的。我们在第 9 章讨论同时性问题时,发现两道闪光的顺序取决于观测者。如果这两道闪光由在某些观测者看来是原因和结果的事件来代替的话,就会有其他的观测者不能以这种联系来看待这些事件,因为在他们看来,叫做结果的事件可能先于原因而发生。这样,因果联系的概念就是有缺陷的。

尽管有其不足,因果性原理在整个经典物理学时期基本上保持不变。尽管有休谟、穆勒和罗素的批评,到 19 世纪末因果性被提高到自明真理的层次。路德维希·玻尔兹曼在其《生理光学》(*Physiologische Optik*)中的说法表现了这种态度:

> 因果律具有纯粹逻辑规律的品质,因为从其得出的结论并不真正涉及经验自身,而是涉及对于经验的理解,因而它永远不能为可能的经验所反驳。

随着量子理论的发展,因果性原理下场怎样,我们马上就要谈到。

然而,因为不是总能被确定一个结果的原因,例如彗星,而且也不总是能发现一种机制来解释各种各样的现象。在 19 世纪,一个替代性的信条——决定论开始产生影响了。因果性和决定性的区别已经由笛卡尔给出了。因为人的感官知觉是有限的,所以结果看起来在时间上跟随原因。原因不过是理由。这一信条的意义最好由一个类比来说明。承认了欧几里得几何学的公理,一个圆的性质(例如周长和面积)以及其内接三角形的性质就作为必然的逻辑结果直接决定了。事实上,据说牛顿曾经问过,既然欧几里得几何学中的定理已经明显由公理所必然蕴含,为什么还有人费事将它们写出来。然而,多数人要费好长时间才能发现这些性质。这种在时间中的发现,似乎以与原因和结果相同的时间顺序将公理和定理相联结,不过这是错觉。

对于物理现象也是这样。在神圣的心智看来,所有的现象都同时并存,由一个数学结构来把握。而感官,一个一个地认识事件,把一些当作另一些的原因。笛卡尔说道,我们现在可以理解为什么对于未来的数学预言是可能的,这是因为数学关系是预先存在的。数学关系是对于关系的最清楚的物理解释。简而言之,真实世界是数学上可表达的物体在空间和时间中之运动的总体,整个宇宙是一架巨大的、和谐的、数学化设计的机器。此外,许多哲学家,包括笛卡尔,还坚持这些数学定律是固定的,因为上帝就是这样设计的宇宙,而上帝的意志是不变的。不管人类能否读解上帝的意志,看透上帝的设计,世界都根据定律来运行,世界的规律性是不可否认的,至少 19 世纪以前是这样。

宇宙由坚硬的不可毁坏的微粒组成,这些微粒根据确定的、可计算的力相互作用。这种牛顿式的宇宙观被法国天文学家、数学家皮埃尔-西蒙·德·拉普拉斯侯爵(Simon de Laplace,1749—1827)当作彻底的严格的决定论之基础。下面的话是他对于决定论之本质的经典性表述:

> 有这么一种智性,在任何给定瞬间都知道大自然中所有的作用力,而且知道组成宇宙的所有物体的瞬间位置。如果它有足够的能力分析一切数据,那么在它看来,就没有什么是不确定的了。无论过去还是未来都展现在它眼前。

实际上拉普拉斯的"单一公式"难以想象。决定论者愿意接受诸多公式。

拉普拉斯没有意识到,他是在撰写机械论和决定论的墓志铭。他的概念包含一个凭空想象的超人"智性"。但是这样一种智性的存在是不相干的。如果宇宙确实以势不可挡的严格的决定论方式运作,贯穿了过去和未来,那么不管是否有这样一个智性来知晓,它还是如此,因为在拉普拉斯的宇宙中,这种知性不施加任何影响。因为其在数学和天文学领域的巨大声望,拉普拉斯的完全决定论的宇宙观被广泛讨论并极为推崇。

决定论的宇宙观是如此坚定地被坚持,以至于哲学家们将其应用到作为宇宙的组成部分的人类的活动上去。观念、意愿和行动是物质之间相互作用的必然结果。人类的意志是由外部的物理原因以及生理原因决定的。霍布斯这样来解释看起来是自由的意志:外部的事件作用在我们的感觉器官上,而这些又压触在我们的大脑上。大脑中的运动产生了我们叫做欲望、高兴和恐惧的东西,这些感觉不过是这种运动的存在罢了。当欲望和厌恶互相挤撞时,就有了一种叫做权衡的物理状态。当一种运动占上风时,我们就说我们已经运用了自由意志。然而,选择不是真正由个体做出的。我们意识到结果,但没有意识到决定结果的过程。根本就没有自由意志,这是无意义的词语组合。意志牢牢地受物质的作用钳制。

伏尔泰在其《无知的哲学家》(*Ignorant Philosopher*)中说道:"如果整个的大自然、所有的行星都遵循永恒的规律,而有一种 5 英尺长的小动物,居然能够蔑视这些规律,主要按照其臆想随心所欲地行动,那倒是很奇怪的。"我们发明"概率"一词不过是用来表示一种其原因未知的已知结果。

这一结论是如此令人不安,甚至连唯物主义者也试图软化它。其中有些认为,虽然人类的行为是被决定的,思想却不是。引入了这种二分法也不能给人多少安慰,因为这意味着思想在决定行动时是无用的,人类仍是机器。也有人保留一些自由的外表重新解释自由的含义,伏尔泰含糊其辞地说:"自由意味着能够做我们所喜欢的,而不是空想我们所喜欢的。"很显然,为了得到自由,我们必须喜欢其他人替我们选择的东西。

在科学中,说事件 A 决定了事件 B,只是意味着给定了 A,就能计算出 B,反之亦然。这样,对于决定论在科学中的"运用",可以这样来表述:给定了在某一特定瞬间一组物体的状态,就能够通过计算来确定其他瞬间的状态,无论过去还是将来。

科学意义上的决定论可以由变量之间的函数关系(即我们在前面的章节见到的公式)来更好地表示。很明显,函数关系并不带有原因和结果的含义。

一门严格的科学的要务就是确定变量之间的函数关系。当发现这样一种关系广泛有效,表达了一个有关宇宙运作的重要事实时,它就取得了自然规律的地位。可以说决定论原理归于科学规律的恒定性和可靠性。考虑这样两个事实:(1)作为定律之基础的实验数据永远也不会完全精确;(2)所有的理论联系都是试探性的,可能经新的发现来修正,那么决定论的内涵恰好就是大自然的统一性。

然而,决定论注定不能持久。在大自然的运作中有一些不稳定因素——克拉克·麦克斯韦称它们为奇点(singular points)。坐落在山峰顶上的一块岩石是不稳定的,因为只需很轻地一推,就可能引起山崩。同样,这些也是不稳定现象:引起森林大火的火柴,引起世界战争的话语,以及使我们成为哲学家或者白痴的小小基因。这样的不稳定因素是决定论世界中的裂缝。在这些事例中规律崩溃了,在其他情况下可以忽略的效应在这里可能起主导作用。

麦克斯韦提醒其科学同行注意这些奇点的含义：

> 　　如果那些物理科学的耕耘者在追求科学的神秘知识中，被引向研究奇异性和不稳定性，而不是研究持续性和稳定性，那么科学的进展就可能倾向于去除那些赞同决定论的偏见，这样的偏见似乎起源于这样的假设：将来的物理科学只是过去的物理科学观念的放大。

如果一个人是他那代人的领袖，那他实际上是下一代人的预言家。麦克斯韦自己对于气体理论的贡献为决定论的死亡铺好了道路。他在这种世界结构中所见到的裂缝或者说缺陷不久就扩大了，决定论的世界分崩离析了。

决定论不得不向统计规律让步。在我们探究这一概念之前，让我们先来看看这种定律的意思是什么。在美国最大的商业机构就是保险业。很明显，想通过第一原理来推导出任何一个人的死亡时间的一切企图都注定要失败。然而，获取有关几千个人的生命期限的数据，并利用概率论，保险公司可以以这样的保险费来给人们提供保险：对于付保险费的个人以及冒风险的公司来说都是公平的。

统计规律在物理学中的应用是从统计力学开始的。在统计力学中，至少可以相信：如果我们能够处理几百万个以决定论的方式运动的分子的碰撞，就能够确定气体的行为。然而，分子个数是如此之大，除了统计手段就不可能考虑其总体行为。统计规律第一次重要的运用是在路德维希·玻尔兹曼的气体研究中。在一个机械论和决定论的世界里，这是激进的一步，因而引起了剧烈的争论。然而，玻尔兹曼坚持，物理学的任务不是传唤经验数据来接受我们的规律和思想的判决，而是使我们的思想、观念和概念适应经验的。玻尔兹曼的统计力学在他那个时代被嘲笑为"数学恐怖主义者"的玄想。

　　放射性好像是电子作为波和粒子的任意行为,粒子从原子核中不可预言的射出,这些无疑都在向决定论挑战。此外,普朗克的量子、爱因斯坦的光子以及玻尔的电子跃迁,都不能确定地预言。由维纳·K·海森堡在 1927 年所宣布的不确定原理(见第 10 章)在动摇决定论信念中也起了重要作用。在 1927 年发表的一篇文章中,海森堡抨击了因果性和决定论:

　　　　在因果律的强表述中,如果我们准确地知道了现在,就能够计算未来。错误的不是最终的原因,而是其假设。原则上我们不可能知道决定现在的一切的原因。因而,所有的知觉都是从大量的可能性中的一种选择,一种对于未来可能性的限制。因为量子力学的统计特性是如此紧密地与知觉的不精确性相联系,有人倾向于去设想在被知觉到的统计性世界背后隐藏着因果律有效的真实世界。但是在我们看来⋯⋯这样的推测是无意义、无结果的。物理学必须给出的只是知觉之联系的形式化描述。更好的描述是:既然所有的实验结果都遵循量子力学,量子力学确定无疑地显示了因果律的无效性。

　　海森堡的不确定原理不只是说量子现象的因果联系在我们的探测能力之外,而是清楚地说:这种联系不存在。这是海森堡自己的推断。鉴于不确定原理,因果性和决定论变得无意义了。量子力学只能是一门统计性学科。它对单个粒子不给予精确的描述,对于其行为也不作精确的预言。不过,对于大的粒子集合,它能作出非常准确的预言。

　　李厦德·冯·米泽斯以及其他撰文讨论量子力学的人提出了不确定机制。所有的确定性的定律都被看成不过是对于与机遇律相联系的可几关系的近似的、纯粹被动的反映。如此一来，原子领域中的单个过程和事件就是完全无规律的。如爱丁顿在其《物理世界的本质》中所预言的：“科学已经使决定论站不住脚了。”

1957 年汉斯·莱辛巴赫在其《原子与宇宙》(Atom and Cosmos)中强调，对于所有物理结果的几率解释是正确的。最可几的就是在观察的范围内发生的。只有在无数原子在高几率过程中结合的大尺度上，我们才能在实践中把这样的现象看成是确定的。从根本上说，即使大尺度的事件也是可几的。空间、时间、实体、力、因果性以及定律这些概念是从中尺度的人类日常经验中借来的，肯定不适合原子现象。

长期以来其他有影响力的物理学家如玻恩、玻尔和鲍林都坚持(尽管稍有不同)，大自然中的事件只能由几率解释，而普朗克、爱因斯坦、劳厄、德布罗意、薛定谔以及其他人则不同意这种观点——对于因果性和决定论他们坚持经典力学概念。争论的要点在于，量子物理规律的统计性是由于我们缺乏知识而采用的权宜之计，会随着时间进程由牛顿力学那样的规律来取代呢，还是统计规律具有客观性——即独立于我们的知识和意识——对应于微观世界中的实际事件。

我们大都很熟悉爱因斯坦的观点：上帝不会掷骰子。他在两封信中表达了这种信念，这两封信由罗纳德·W·克拉克收集在《爱因斯坦：其生平及时代》(Einstein: The Life and Times)中。第一封信是 1926 年写给马克斯·玻恩的，其中说道：

> 量子力学的解释能力的确给人印象至深。不过有一个内在的声音告诉我这还不是真理。这一理论表达了很多，但没有使我们更接近太一的秘密。不管怎么说，我都相信

他不会掷骰子。

第二封信是很久以后写给詹姆斯·弗兰克的,其中说道:

> 在最糟糕的情况下,我能意识到至善的主创造了一个其中没有自然规律的世界。简而言之,即混沌。但是我非常不喜欢的是这样一种观点:居然会有有确定解的统计规律,即迫使至善的主在每一个个别事例中都掷骰子的定律。

在《我的世界观》(1934)中,爱因斯坦说道:"上帝是奥秘无穷的;但他并不怀有恶意。"此外,爱因斯坦和其同事为 1935 年的《物理学评论》合写的一篇文章中,还说波动力学理论是不完备的。爱因斯坦说在将来统计性的量子理论会像统计力学一样:其中单个粒子(例如气体中的分子)的运动是确定的,但是因为有如此之多,所以运用统计学和概率论。对于新物理学贡献甚大的英国物理学家保罗·A·M·狄拉克在 1978 年也表达了同样的观点:

> 我认为结果可能会证明最终爱因斯坦是正确的,因为不应该将量子力学的现在形式看成是最终的形式……我认为很可能在将来某个时间我们会获得改进了的量子力学,其中回归到决定论,因而证明爱因斯坦的观点是有道理的。但是这样一种向决定论的回归是需要付出代价的:放弃我们现在未经质疑就设定的某个观念。如果我们要重新引入决定论,我们将不得不付出代价,其方式我们现在还猜不出。

狄拉克指出了某个意识形态的障碍使我们偏离了对更完备的决定性理论的发展,这看来无疑是正确的。如亚历山大·蒲普在其《论人》(*Essay on Man*)中所言:"所有的机遇,即你看不见的趋向……"

　　爱因斯坦和狄拉克都没有提出满足这种需要的替代模型，另外一些物理学家如戴维·包穆(1957)和坂田昌一(shoishi sakata)(1978)都批评了概率性的量子力学，但都没有提出有用的替代模型。许多有才能的科学家也与这一难题斗争，最终未果。然而，现在量子力学发展得是如此充分，以至于几乎不依赖于更多的实验数据。

　　尽管科学家们在处理易看见或操作的客体的事件时(即莱辛巴赫所说的中等尺度现象)，仍运用经典力学的决定论规律。但是，由于量子力学提供的新观点，他们对于这些事件中的决定性机制的态度大大地改变了。事情这样发生了，是因为它们这样发生是高度可几的，而别样发生时是不可几的。

　　近来的科学发现深刻改变了关于科学的许多哲学信条，机械论、因果性和决定论是其中的三个。还有很多，我们来简单地看看其他的几个。

　　唯心主义是解决我们与外部世界之关系的形而上学难题的另一种方式。唯心主义砍去其一端来解决这个难题——如像贝克莱那样否认外部世界的存在(见《历史概观》)。我们对于外部世界的一切觉察都是在我们本身之内发生的，因而，认为这种觉察是由外在于我们的物体产生的。这种信念很可能是一个错觉。当我们看一棵树时，它确实存在于我们的意识中。当我们转身不看时，那棵树就不再在那里了。如果我们记起它，或者听到另一个人向我们保证它仍在那里，那么我们所经验的也不过是心理过程。

　　对于唯心主义的普通的直觉反应就是，视之荒谬而弃置不顾。令人敬畏的萨谬尔·约翰逊博士(1709—1984)以为以其足踢一块巨大的岩石就反驳了它。尽管有许多有能耐的哲学家致力于反驳它,但从来没有最终成功。因为不在有意识的存在者中引起感官知觉的事物之存在,不可能在实验上证明,独立于人类的物理存在应该是无意义的。而且,所有的科学家应当是唯心主义者。然而,所有的经典科学是坚实地建立于这个前提之上的:一个外部的客观的宇宙的确存在。科学家们对此普遍意见一致的:大自然不是在欺骗他们,他们对于一个真实的外部世界的概念是有充足理由辩解的。

经典的科学家相信存在一个客观的宇宙,如果有人质疑,他会回答说,人的观测不会对所观察的对象产生显著的影响。此科学家会断言,在观察之前所做的实际上是在确认观察对象原来是什么,而在观察之后是在确认它将是什么。然而,这种经典科学的假设不再站得住脚了。观测的确对于观测对象有影响,对于宇宙的基本组成成分来说,这种影响绝不是觉察不到的。海森堡充分解释了这一点。

经典科学已经先验地假定存在着一个外部世界。经典力学的方程被认为是描述了在这个外部世界中实际上所发生的。量子力学也有其数学方程,不过这些方程式是对于观测本身的描述,描述的不是实际的粒子本身,而是这些粒子在荧光屏(有点像电视屏)上的作用效果。

与唯心主义相反,逻辑实证主义断言真理只建立在观测到的事实上。实证主义者是反形而上学的,对他们来说,有意义的知识的唯一来源是经验。从经验中得出基本的命题,然后由严格的推理加以扩展。任何命题的意义就在于对于它的证明方法。约翰·斯图亚特·穆勒是实证主义哲学的代表人物。他也断言,尽管知识主要通过感官而来,但也包括有意识的心智对于感官证据所表述的联系,例如科学定律。此外,虽然实证主义者在这一点上与唯心主义一致:没有办法证明存在一个外部世界,但他们坚持也不能证明它不存在。从根本上说实证主义者是经验主义者,他们对于经验和理性对象作了严格的区分,并否认后者的实在性。

在这简略的叙述中我们的收获是什么? 我们的目标很简单——指出最近的科学发展如何促使我们不断地检验那些固持的观点,表明这些发展如何改变了我们的生活以及研究大自然的方式。科学哲学,或者有人更愿意称其为关于大自然之运作的哲学,是基于当今的科学知识的概括。随着知识从一个时代到另一个时代的改变,哲学也必须改变。因此,我们永远不能忽视作为"硬核"的科学发现。

这本书旨在表明:这些科学发现主要地——在某些领域中是完全地——依赖于数学。既然数学确实是人类的创造(尽管有相反的意见),我们能得出什么结论呢? 大自然是否有秩序、经设计甚至有目的(如亚里士多德所认为),这是不能断定的。确凿无疑的是,人类最有效的工具——数学——对于令人困惑的复杂自然现象提供了某种理解和控制。

参 考 书 目

　　这一参考书目提供进一步阅读的分级书目。原因很简单，有些读者就各自关心的专题，希望加深理解，而另一些读者则希望补充更基础的知识。

通论性的

Bradley，F. H. *Appearance and Reality*, 2nd ed. New York：Oxford University Press，1969.

Broad，C. D. *Scientific Thought*. Paterson，N. J.：Littlefield，Adams & Co.，1959.

Bronowski，J. *The Common Sense of Science*. London：William Heineman，1951.

D'Abro，A. *The Decline of Mechanism in Modern Physics*. New York：D. Van Nostrand Co.，1939.

Di Francia，G. T. *The Investigation of the Physical World*. New York：Cambridge University Press，1981.

Eddington，A. S.：*The Nature of the Physical World*. New York：Macmillan，1933.

Einstein，A. *Essays in Science*. New York：Philosophical Library n. d.

Hobson，E. W. *The Domain of Natural Science*. New York：Dover Publications，1968.

Jeans，Sir J. *The Growth of Physical Science*. New York：Cambridge University Press，1951.

——. *The Mysterious Universe*. New York: Macmillan, 1930.

——. *The New Background of Science*. New York: Macmillan, 1933.

——. *Physics and Philosophy*. Ann Arbor: The University of Michigan Press, 1958.

Johnson, M. *Science and the Meaning of Truth*. London: Faber & Faber, 1946.

Kemble, E. C. *Physical Science, Its Structure and Development*. Cambridge, Mass.: The M.I.T. Press, 1966.

Kline, M. *Mathematical Thought from Ancient to Modern Times*. New York: Oxford University Press, 1972.

——. *Mathematics and the Physical World*. New York: Dover Publications, 1981.

Körner, S. *Experience and Theory*. New York: The Humanities Press, 1966.

Koyré, A. *From the Closed World to the Infinite Universe*. Baltimore: The Johns Hopkins Press, 1957.

Lakatos, I. *Mathematics, Science and Epistemology*, 2 vols. New York: Cambridge University Press, N.Y., 1978.

Margenau, H. *The Nature of Physical Reality*. New York: McGraw-Hill, 1950.

Marion, J.B. *Physics in the Modern World*. New York: Academic Press, 1976.

Munn, A. M. *From Nought to Relativity*. London: George Allan & Unwin, 1973.

Peierls, R.E. *The Laws of Nature*. New York: Charles Scribner's Sons, 1956.

Reichenbach, H. *Experience and Prediction*. Chicago: The University of Chicago Press, 1938.

Schrödinger, E. *Mind and Matter*. New York: Cambridge University

Press，1958.

Sutton, O.G.: *Mathematics in Action*. London: G. Bell & Sons, 1954.

Weyl, H. *Philosophy of Mathematics and Natural Science*. Princeton, N.
  J.: Princeton University Press, 1949.

Whitehead, A.N.: *Science and the Modern World*. London: Cambridge
  University Press, 1953.

Whittaker, Sir E. *From Euclid to Eddington*. New York: Dover
  Publications, 1958.

历史概观: 外部世界存在吗?

Baum, R.J. *Philosophy and Mathematics*. San Francisco: Freeman,
  Cooper & Co., 1973.

Benaceraff, P. and Putnam, H. *Selected Readings*. Englewood Cliffs,
  N.J.: Prentice-Hall, 1964.

Berkeley, G. *Three Dialogues between Hylas and Philonous*. Chicago:
  The Open Court Publishing Co., 1929.

Cassirer, E. *Substance and Function*. New York: Dover Publications,
  1953.

Kant, I. *Critique of Pure Reason*, many editions available.

Körner, S. *The Philosophy of Mathematics*. London: Hutchinson
  University Library, 1960.

Lindsay, R. B. *The Nature of Physics*. Providence, R. I.: Brown
  Unviersity Press, 1968.

Reichenbach, H. *Experience and Prediction*. Chicago: The University of
  Chicago Press, 1938.

Russell, B. *A History of Western Philosophy*. New York: Simon &
  Schuster, 1945.

———. *Our Knowledge of the External World*. New York: The New
  American Library, 1956.

Urmson, J. O. *Berkeley*. New York: Oxford University Press, 1983.

Warnock, G. J. *Berkeley*. Notre Dame, Ind. : University of Notre Dame Press, 1983.

Whitehead, A. N. *Science and the Modern World*. London: Cambridge University Press, 1953.

Wolgast, E. H. *Paradoxes of Knowledge*. Ithaca, N. J. : Cornell University Press, 1977.

第 1 章

Attneave, F. "Multistability in Perception." *Scientific American*, December 1971, pp. 42 - 71.

Battersby, M. *Trompe L'Oeil, the Eye Deceived*. New York: St. Martin's Press, 1974.

Carraher, R. G. , and Thurston, J. B. *Optical Illusions and the Visual Arts*. New York: Van Nostrand Reinhold Co. , 1966.

Gibson, J. J. *The Perception of the Visual World*. New York: Houghton-Mifflin Co. , 1950.

Gillam, B. "Geometrical Illusions." *Scientific American*, January 1980, pp. 102 - 111.

Gilson, E. *Painting and Reality*. New York: Pantheon Books, 1975.

Gombrich, E. H. *Art and Illusion*, 2nd ed. New York: Pantheon Books, 1961.

Gregory, R. L. *The Intelligent Eye*. New York: McGraw-Hill, 1970.

——. "Visual Illusions." *Scientific American*. November 1968, pp. 66 - 76.

Helmholtz, H. von. *On the Sensations of Tone*. New York: Dover Publications, 1954.

Ittelson, W. H. , and Kilpatrick, F. P. "Experiments in Perception." *Scientific American*, August 1951, pp. 50 - 55.

Luckiesh, M. *Visual Illusions*. New York: Dover Publications, 1965.

Maurois, A. *Illusions*. New York: Columbia University Press, 1968.

Murch, G. M., ed. *Studies in Perception*. New York: The Bobbs Merrill Co., 1976.

Rock, Irvin. *Perception*. Holmes, Pa.: Scientific American Library, 1983.

Tolansky, S. *Curiosities of Light Rays and Light Waves*. New York: Elsevier Publishing Co., 1965.

——. *Optical Illusions*. New York: Pergamon Press, 1964.

第 2 章

Black, M. *The Nature of Mathematics*. New York: Harcourt, Brace, Jovanovich, 1935.

Bourbaki, N. "The Architecture of Mathematics." *American Mathematical Monthly* 57 (1950): 221 – 232.

Courant, R. "Mathematics in the Modern World." *Scientific American*, September 1964, pp. 40 – 49.

Dyson, F. J. "Mathematics in the Physical Sciences." *Scientific American*, September 1964, pp. 129 – 146.

Eves, H., and Newsom, C. V. *An Introduction to the Foundations and Fundamental Concepts of Mathematics*, rev. ed. New York: Holt, Rinehart & Winston, 1965.

Goodman, N. D. "Mathematics as an Objective Science." *American Mathematical Monthly* 86 (1979): 540 – 551.

Goodstein, R. L. *Essays in the Philosophy of Mathematics*. Leicester, England: Leicester University Press, 1965.

Hamilton, A. G. *Numbers, Sets and Axioms*. New York: Cambridge University Press, 1983.

Körner, S. *The Philosophy of Mathematics*. London: Hutchinson

University Library, 1960.

Polya, G. *Mathematical Methods in Science*. Washington, D. C.: The Mathematical Association of America, 1977.

Steiner, M. *Mathematical Knowledge*. Ithaca, N. Y.: Cornell University Press, 1975.

Titchmarsh, E. C. *Mathematics for the General Reader*. New York: Dover Publications, 1981.

Walker, M. *The Nature of Scientific Thought*. Englewood Cliffs, N.J.: Prentice-Hall, 1963.

Whitehead, A. N. *An Introduction to Mathematics*. New York: Henry Holt & Co. , 1939.

Whitney, H. "The Mathematics of Physical Quantities." *American Mathematical Monthly* 75 (1968): 115 – 138 and 227 – 256.

Wilder, R. I. *Introduction to the Foundations of Mathematics*. New York: John Wiley & Sons, 1965.

第 3 章

Apostle, H. G. *Aristotle's Philosophy of Mathematics*, Chicago: The University of Chicago Press, 1952.

Clagett, M. *Greek Science in Antiquity*. New York: Abelard-Schumann, 1955.

Sambursky, S. *The Physical World of the Greeks*. London: Routledge & Kegan Paul, 1956.

Schrödinger, E. *Nature and the Greeks*. New York: Cambridge University Press, 1954.

第 4 章

Armitage, A. *Copernicus, the Founder of Modern Astronomy*. London: George Allen & Unwin, 1938.

——. *John Kepler*. London: Faber & Faber, 1966.

——. *The World of Copernicus*. New York: The New American Library, 1951.

Baumgardt, C. *Johannes Kepler: Life and Letters*. London: Victor Gollancz, 1952.

Berry, A. *A Short History of Astronomy*. New York: Dover Publications, 1961.

Boas, M. *The Scientific Renaissance 1450 - 1630*. London: Collins, 1962.

Caspar, N. *Kepler*. New York: Collier Books, 1962.

De Santillana, G. *The Crime of Galileo*. Chicago: The University of Chicago Press, 1955.

Dreyer, J. L. E. *A History of Astronomy from Thales to Kepler*. New York: Dover Publications, 1953.

Galilei, G. *Dialogue on the Great World Systems*. Chicago: The University of Chicago Press, 1953.

Gingerich, W. "The Galileo Affair." *Scientific American*, August 1983, pp. 132 - 143.

Kuhn, T. S. *The Copernican Revolution*. Cambridge, Mass.: Harvard University Press, 1957.

Murgenau, H. *The Nature of Physical Reality*. New York: McGraw-Hill, 1950.

第 5 章

Burtt, E. A. *The Metaphysical Foundations of Modern Physical Science*, rev. ed. London: Routledge & Kegan Paul, 1932.

Butterfield, H. *The Origins of Modern Science*. New York: Macmillan 1932.

——. "The Scientific Revolution." *Scientific American*, September,

1960, pp. 173 - 192.

Clavelin, M. *The Natural Philosophy of Galileo*. Cambridge, Mass: The M. I. T. Press, 1974.

Crombie, A. C. *Augustine to Galileo*. London: Falcon Press, 1952.

Dampier-Whetham, W. C. D. *A History of Science and Its Relations with Philosophy and Religion*. New York: Cambridge University Press, 1929.

Doney, W. , ed. *Descartes, a Collection of Critical Essays*. Notre Dame, Ind. : The University of Notre Dame Press, 1968.

Drabkin, I. E. , and Drake, S. *Galileo Galilei: On Motion and Mechanics*. Madison: The University of Wisconsin Press, 1960.

Drake, S. *Discoveries and Opinions of Galileo*. New York: Doubleday & Co. , 1957.

Eaton, R. M. *Descartes Selections*. New York: Charles Scribner's Sons, 1927.

Galilei, G. *Dialogues Concerning Two New Sciences*. New York: Dover Publications, 1952.

———. *On Motion and on Mechanics*. Madison: The University of Wisconsin Press, 1960.

Hall, A. R. *From Galileo to Newton 1630 - 1720*. London: Collins, 1963.

———. *The Scientific Revolution*. New York: Longmans Green & Co. , 1954.

Hooykass, R. *Religion and the Rise of Modern Science*. Edinburgh: Scottish Academic Press, 1972.

Randall, J. H. , Jr. *The Making of the Modern Mind*, rev. ed. New York: Houghton-Mifflin Co. , 1940.

Redwood, J. *European Science in the Seventeenth Century*. New York: Barnes & Noble, 1977.

Rée, J. *Descartes*. London: Allan Lane, 1974.

Scott, J. F. *The Scientific Work of René Descartes*. London: Taylor & Francis, 1952.

Strong, E. W. *Procedures and Metaphysics*. Berkeley: The University of California Press, 1936.

Vrooman, J. R. *René Descartes, a Biography*. New York: G. P. Putnam's Sons, 1970.

Wolf, A. *A History of Science, Technology and Philosophy in the 16th and 17th Centuries*, 2nd ed. London: George Allen & Unwin, 1950.

第 6 章

Andrade, E. N. da C. *Sir Isaac Newton, His Life and Work*. New York: Doubleday & Co., 1954.

Bell, A. E. *Newtonian Science*. London: Edward Arnold, 1961.

Calder, N. *The Comet Is Coming!* New York: The Viking Press, 1981.

Cohen, I. B. *Introduction to Newton's Principia*. Cambridge, Mass.: Harvard University Press, 1971.

——. *Sir Isaac Newton's Papers and Letters on Natural Philosophy*. Cambridge, Mass.: Harvard University Press, 1958.

De Morgan, A. *Essays on the Life and Work of Newton*. Chicago: The Open Court Publishing Co., 1914.

Dijksterhuis, E. J. *The Mechanization of the World Picture*. New York: Oxford University Press, 1961.

Grosser, M. *The Discovery of Neptune*. New York: Dover Publications, 1979.

Hall, A. R. *From Galileo to Newton 1630 - 1720*. London: Collins, 1963.

Hesse, M. B. *Forces and Fields*. New York: Philosophical Library, 1962.

Jammer, M. *Concepts of Force*. Cambridge, Mass. : Harvard University Press, 1957.

Kline, M. *Mathematics, the Loss of Certainty*. New York: Oxford University Press, 1980.

More, L. T. *Isaac Newton, a Biography*. New York: Dover Publications, 1962.

Newton, Sir I. *Mathematical Principles of Natural Philosophy*, 3rd ed. Berkeley: The University of California Press, 1946.

Palter, R. , ed. : *The Annus Mirabilis of Sir Isaac Newton, 1666 – 1966*. Cambridge, Mass. : The M. I. T. Press, 1970.

Slichter, C. S. "The Principia and the Modern Age." *American Mathematical Monthly*, August-September 1937, pp. 433 – 444.

Thayer, H. S. , ed. *Newton's Philosophy of Nature*. New York: Hafner Publishing Co. , 1953.

Valens, E. G. *The Attractive Universe*. Cleveland, Oh. : The World Publishing Co. , 1969.

Westfall, R. S. *Never at Rest, a Biography of Sir Isaac Newton*. New York: Cambridge University Press, 1980.

第 7 章

Bromberg, J. L. "Maxwell's Displacement Current and His Theory of Light." *Archive for History of Exact Sciences* 4 (1967): 218 – 234.

Campell, L. , and Garnett, W. *The Life of James Clerk Maxwell*. New York: Johnson reprint, 1969.

Domb, G. ed. *Clerk Maxwell and Modern Science*. London: The Athlone Press, 1963.

Everitt, C. W. F. *James Clerk Maxwell, Physicist and Natural Philosopher*. New York: Charles Scribner's Sons, 1975.

Haas-Lorentz, G. L. , ed. : *H. A. Lorentz : Impressions of His Life and*

Work. Amsterdam: North-Holland Publishing Co., 1957.

MacDonald, D. K. C. *Faraday*, *Maxwell*, *and Kelvin*. New York: Doubleday & Co., 1964.

Newton, Sir. I. *Opticks*. New York: Dover Publications, 1952.

Skilling, H. H. *Fundamentals of Electric Waves*. New York: John Wiley & Sons, 1942.

Thomson, Sir J. J., et al. *James Clerk Maxwell*, *A Commemoration Volume*, *1831 - 1931*. New York: Cambridge University Press, 1931.

Whittaker, Sir. E. *A History of the Theories of Aether and Electricity*, 2 vols. London: Thomas Nelson & Sons, 1951 and 1953.

第 8 章

Bonola, R. *Non-Euclidean Geometry*. New York: Dover Publications, 1955.

Faber, R. L. *Differential Geometry and Relativity Theory*. New York: Marcel Dekker, 1983.

Golos, E. B. *Foundations of Euclidean and Non-Euclidean Geometry*. New York: Holt, Rinehart & Winston, 1968.

Greenberg, M. J. *Euclidean and Non-Euclidean Geometries*. San Francisco: W. H. Freeman & Co., 1974.

Kline, M. *Mathematics*, *the Loss of Certainty*. New York: Oxford University Press, 1980.

Wolfe, H. E. *Introduction to Non-Euclidean Geometry*. New York: The Dryden Press, 1945.

第 9 章

Bergmann, P. G. *The Riddle of Gravitation*. New York: Charles Scribner's Sons, 1968.

Bondi, H. *Relativity and Common Sense*. New York: Dover Publications, 1980.

Born, M. *Einstein's Theory of Relativity*. New York: Dover Publications, 1962.

Calder, N. *Einstein's Universe*. New York: Greenwich House, 1982.

Coleman, J. A. *Relativity for the Layman*. New York: The New American Library, 1954.

D'Abro, A. *The Evolution of Scientific Thought*. New York: Dover Publications, 1949.

Davies, P. C. W. *Space and Time in the Modern Universe*. New York: Cambridge University Press, 1977.

Clarke, C. *Elementary General Relativity*. New York: John Wiley & Sons, 1980.

Eddington, A. S. *The Mathematical Theory of Relativity*. New York: Cambridge University Press, 1960.

——. *Space, Time and Gravitation*. New York: Cambridge University Press, 1953.

Einstein, A. *The Meaning of Relativity*. Princeton, N. J.: Princeton University Press, 1945.

——. *Relativity the Special and the General Theory*. New York: Crown Publishers, 1961.

——. *Sidelights on Relativity*. New York: Dover Publications, 1983.

——, and Infeld, L. *The Evolution of Physics*. New York: Simon & Schuster, 1938.

Faber, R. L. *Differential Geometry and Relativity Theory*. New York: Marcel Dekker, 1983.

Frankel, T. *Gravitational Curvature*. San Francisco: W. H. Freeman & Co., 1979.

Machamer, P. K., and Turnbull, R. G., eds. *Motion and Time, Space and Matter*. Columbus: Ohio State University Press, 1976.

Nevanlinna, R. *Space Time and Relativity*. Reading, Mass. : Addison-Wesley Publishing Co. , 1968.

Pais, A. *"Subtle Is the Lord,"* The Science and the Life of Albert Einstein*. New York: Oxford University Press, 1982.

Pyenson, L. "Hermann Minkowski and Einstein's Special Theory of Relativity." *Archive for History of Exact Sciences* 17 (1977): 71 – 95.

Reichenbach, H. *From Copernicus to Einstein*. New York: Dover Publications, 1980.

——. *The Philosophy of Space and Time*. New York: Dover Publications, 1957.

Rindler, W. *Essential Relativity, Special, General and Cosmological*. New York: Van Nostrand, 1969.

Rucker, R.V.B. *Geometry, Relativity and the Fourth Dimension*. New York: Dover Publications, 1977.

Russell, B. *The ABC of Relativity*. New York: Harper & Brothers, 1926.

Schild, A. "The Clock Paradox in Relativity Theory." *American Mathematical Monthly* 66 (1959): 1 – 18.

Schilpp, P.A. , ed. *Albert Einstein: Philosopher Scientist*. New York: Harper & Row, 1959.

Shankland, R. S. "The Michelson-Morley Experiment." *Scientific American*, November 1964, pp. 107 – 114.

第 10 章

Andrade, E. N. da C. "The Birth of the Nuclear Atom." *Scientific American*, November 1956, pp. 93 – 104.

Audi, M. *The Interpretation of Quantum Mechanics*. Chicago: The

University of Chicago Press, 1973.

Baker, A. *Modern Physics and Antiphysics*. Reading, Mass.: Addison-Wesley Publishing Co., 1970.

Bertsch, G.F. "Vibrations of the Atomic Nucleus." *Scientific American*, May 1983, pp. 62 - 73.

Bloom, E.D., and Feldman, G.J. "Quarkonium." *Scientific American*. May 1982, pp. 66 - 77.

Born, M. *The Restless Universe*. New York: Harper & Brothers, 1936.

Burbridge, G., and Hoyle, F. "Anti-Matter." *Scientific American*, April 1958, pp. 34 - 39.

Cerny, J., and Poskanzer, A. M. "Exotic Light Nuclei." *Scientific American*, June 1978, pp. 60 - 72.

De Broglie, L. *Physics and Microphysics*. New York: Pantheon Books, 1955.

——. *The Revolution in Physics*. London: Routledge & Kegan Paul, 1954.

d'Espagnat, B. "The Quantum Theory and Reality." *Scientific American*, November 1979, pp. 158 - 181.

Feinberg, G. *What Is the World Made of? Atoms, Leptons, Quarks, and Other Tantalizing Particles*. New York: Doubleday Anchor Press, 1977.

Fritzsch, H. *Quarks the Stuff of Matter*. New York: Basic Books, 1983.

Gamow, G. "The Principle of Uncertainty." *Scientific American*, January 1958, pp. 51 - 57.

——. *Thirty Years That Shook Physics, the Story of Quantum Theory*. New York: Doubleday & Co., 1966.

Gell-Mann, M., and Rosenbaum, E. P. "Elementary Particles." *Scientific American*, July 1957, pp. 72 - 88.

Guillemin, V. *The Story of Quantum Mechanics*. New York: Charles

Scribner's Sons, 1968.

Heisenberg, W. K. *The Physical Principles of the Quantum Theory*. New York: Dover Publications, 1949.

——. *Physics and Philosophy*. New York: Harper & Brothers, 1958.

Hoffman, B. *The Strange Story of the Quantum*. New York: Dover Publications, 1959.

Hund, F. *The History of Quantum Theory*. New York: Barnes & Noble, 1974.

Mistry, N. B., et al. "Particles with Naked Beauty." *Scientific American*, July 1983, pp. 106 – 115.

Mulvey, J. H., ed. *The Nature of Matter*. New York: Oxford University Press, 1981.

Pagels, H. R. *The Cosmic Code*. New York: Simon & Schuster, 1982.

Perlman, J. S. *The Atom and the Universe*, Wadsworth Publishing Co., Belmont, Calif., 1970.

Reichenbach, H. *Atom and Cosmos, the World of Modern Physics*. New York: George Braziller, 1957.

Rusk, R. D. *Introduction to Atomic and Nuclear Physics*. New York: Appleton-Century-Crofts, 1958.

Rydnick, V. *ABC's of Quantum Mechanics*, translation, Moscow: MIR Publishers, 1978.

Schrödinger, E. "What Is Matter?" *Scientific American*, September 1953, pp. 52 – 57.

Segrè, E., and Wiegand, C. E. "The Antiproton." *Scientific American*, June 1956, p. 37 ff.

Slater, J. C. *Concepts and Development of Quantum Physics*. New York: Dover Publications, 1969.

Smorodinsky, Ya. A. *Particles, Quanta, Waves*. Moscow: MIR Publishers, 1976.

Trefil, J. S. *From Atoms to Quarks*. New York: Charles Scribner's Sons, 1980.

Weinberg. S. "The Decay of the Proton." *Scientific American*, June 1981, pp. 64 – 75.

——. *The Discovery of Subatomic Particles*. New York: Scientific American Library, 1983.

Weisskopf, V. F. *Physics in the Twentieth Century*. Cambridge, Mass.: The MIT Press, 1972.

Whittaker, Sir E. *A History of the Theories of Aether and Electricity*, vol. 2. London: Thomas Nelson & Sons, 1953.

Woodgate. G. K. *Elementary Atomic Structure*. New York: Oxford University Press, 1983.

Zukav, G. *The Dancing Wu Li Masters*. New York: Wm. Morrow & Co., 1979.

第 11 章

Birkhoff, G. D. "The Mathematical Nature of Physical Theories." *American Scientist* 31 (1943): 281 – 310.

Bohr, N. *Atomic Physics and Human Knowledge*. New York: John Wiley & Sons, 1958.

Braithwaite, R. B. *Scientific Explanation*. New York: Cambridge University Press, 1953.

Bridgman, P. W. *The Logic of Modern Physics*. New York: Macmillan, 1946.

——. *The Nature of Physical Theory*. Princeton, N. J.: Princeton University Press, 1936.

Browder, F. E. "Does Pure Mathematics Have a Relation to the Sciences?" *American Scientist* 64 (1976): 542 – 549.

Buchanan. S. *Truth in the Sciences*. Charlottesville, Va.: University

Press of Virginia, 1972.

De Broglie, L. "The Role of Mathematics in the Development of Contemporary Theoretical Physics." In *Great Currents of Mathematical Thought*, vol. 2, edited by F. Le Lionnais, pp. 78 - 93. New York: Dover Publications, 1971.

Dyson, F. J. "Mathematics in the Physical Sciences." *Scientific American*, September 1964, pp. 129 - 146.

Goodstein, R. L. *Essays in the Philosophy of Mathematics*. Leicester, England: Leicester University Press, 1965.

Hesse, M. B. *Science and the Human Imagination*. London: SCM Press, 1954.

Jammer, M. *Concepts of Space*. Cambridge, Mass. : Harvard University Press, 1954.

Lanczos, C. *Space through the Ages*. New York: Academic Press, 1970.

Russell, B. *The Scientific Outlook*. New York: W. W. Norton and Co. , 1962.

Stewart, I. "The Science of Significant Form." *Mathematical Intelligencer* 3 (1981): 50 - 58.

第 12 章

Barrett, W. *The Illusion of Technique*. New York: Doubleday & Co. , 1979.

Bridgman, P. W. *The Logic of Modern Physics*. New York: Macmillan, 1946.

——. *The Nature of Physical Theory*. Princeton, N. J. : Princeton University Press, 1936.

Bunge, M. *The Myth of Simplicity*. Englewood Cliffs, N. J. : Prentice-Hall, 1963.

Einstein, A. , and Infeld, L. *The Evolution of Physics*. New York:

Simon & Schuster, 1938.

Frank, P. *Philosophy of Science*. New York: Prentice-Hall, 1957.

Hamming, R. W. "The Unreasonable Effectiveness of Mathematics." *American Mathematical Monthly* 87 (1980): 81 – 90.

Hanson, N.R. *Patterns of Discovery*. New York: Cambridge University Press, 1958.

Hardy, G.H. "Mathematical Proof." *Mind* 38 (1928): 1 – 25.

Hempel, C. G. "Geometry and Empirical Science." *American Mathematical Monthly* 52 (1945): 7 – 17.

——. "On the Nature of Mathematical Truth." *American Mathematical Monthly* 52 (1945): 543 – 556.

Jeans. Sir J. *The Mysterious Universe*. New York: Macmillan, 1930.

Kitcher. P. *The Nature of Mathematical Knowledge*. New York: Oxford University Press, 1983.

Körner, S. *The Philosophy of Mathematics*. London: Hutchinson University Library, 1960.

Lindsay, R. B. *The Nature of Physics*. Providence, R. I.: Brown University Press, 1968.

Peynson, L. "Relativity in Late Wilhelmian Germany: The Appeal to a Preestablished Harmony between Mathematics and Physics." *Archive for History of Exact Sciences* 27 (1982): 137 – 155.

Poincaré, H. *The Foundations of Science*. Lancaster, Pa.: The Science Press, 1946. The book contains English translations of several of Poincaré's expository books originally published separately, namely, *Science and Hypothesis*. *The Value of Science*, and *Science and Method*.

——. *Last Thoughts*. New York: Dover Publications, 1963.

Randall, J. H., Jr. *The Making of the Modern Mind*, rev. ed. New York: Houghton-Mifflin Co., 1940.

Weyl, H. *Mind and Nature*. Philadelphia: The University of Pennsylvania Press, 1934.

——. *Philosophy of Mathematics and Natural Science*. Princeton, N.J.: Princeton University Press, 1949.

Wigner, E. P. "The Unreasonable Effectiveness of Mathematics in the Natural Sciences." *Communications on Pure and Applied Mathematics* 13 (1960): 1 - 14.

第 13 章

Bohm, D. *Causality and Chance in Modern Physics*. London: Routledge & Kegan Paul, 1957.

Bunge, M. *Causality and Modern Science*, 3rd rev. ed. New York: Dover Publications, 1979.

——. *The Myth of Simplicity*. Englewood Cliffs, N.J.: Prentice-Hall, 1963.

Burtt, E.A. *The Metaphysical Foundation of Modern Science*, rev. ed. London: Routledge & Kegan Paul, 1932.

Cassirer, E. *Determinism and Indeterminism in Modern Physics*. New Haven, Conn.: Yale University Press, 1956.

Crombie, A. C. *Turning Points in Physics*. New York: North-Holland Publishing Co., 1959.

Frank, P. *Modern Science and Its Philosophy*. New York: George Braziller, 1941.

——. *Philosophy of Science*. Englewood Cliffs, N.J.: Prentice-Hall, 1957.

Guillemin, V. *The Story of Quantum Mechanics*. New York: Charles Scribner's Sons, 1968.

Harré, R. *The Philosophies of Science*. New York: Oxford University Press, 1972.

Heisenberg, W. K. *Physics and Philosophy*. New York: Harper & Brothers, 1958.

Lucas, J. R. *Space, Time and Causality*. New York: Oxford University Press, 1983.

Margenau, H. *The Nature of Physical Reality*. New York: McGraw-Hill, 1950.

Reichenbach, H. *Atom and Cosmos, the World of Modern Physics*. New York: George Braziller, 1957.

Russell, B. *A History of Western Philosophy*. New York: Simon & Schuster, 1945.

Schrödinger, E. *Science and the Human Temperament*. New York: W. W. Norton & Co., 1935.

Toulmin, S. *The Philosophy of Science*. London: Hutchinson University Library, 1953.

Weyl, H. *Philosophy of Mathematics and Natural Science*, Princeton, N. J.: Princeton University Press, 1949.

图书在版编目(CIP)数据

数学与知识的探求/[美]M·克莱因(Morris Kline)著;刘志勇译. —2 版. —上海：复旦大学出版社, 2016.7(2022.6 重印)
(西方数学文化译丛)
书名原文：Mathematics and the Search for Knowledge
ISBN 978-7-309-12394-4

Ⅰ.数…　Ⅱ.①M…②刘…③黄…　Ⅲ.数学-作用　Ⅳ.O1-0

中国版本图书馆 CIP 数据核字(2016)第 143303 号

数学与知识的探求(第二版)
[美]M·克莱因(Morris Kline)　著　刘志勇　译
责任编辑/张志军

复旦大学出版社有限公司出版发行
上海市国权路 579 号　邮编：200433
网址：fupnet@ fudanpress. com　http://www.fudanpress.com
门市零售：86-21-65102580　　团体订购：86-21-65104505
出版部电话：86-21-65642845
上海新艺印刷有限公司

开本 890×1240　1/32　印张 9.25　字数 253 千
2022 年 6 月第 2 版第 4 次印刷
印数 7 801—9 400

ISBN 978-7-309-12394-4/O·595
定价：36.00 元